上海市职业教育"十四五"规划教材

世界技能大赛项目转化系列教材

网站设计与开发

Web Design and Development

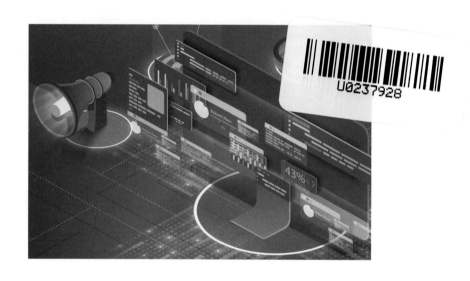

主 编◎葛 睿 赵俊卿 任 健

上海教育出版社
SHANGHAI EDUCATIONAL
PUBLISHING HOUSE

世界技能大赛项目转化系列教材
编委会

主　任：毛丽娟　张　岚

副主任：马建超　杨武星　纪明泽　孙兴旺

委　员：（以姓氏笔画为序）

马　骏　卞建鸿　朱建柳　沈　勤　张伟罡

陈　斌　林明晖　周　健　周卫民　赵　坚

徐　辉　唐红梅　黄　蕾　谭移民

序

　　世界技能大赛是世界上规模最大、影响力最为广泛的国际性职业技能竞赛，它由世界技能组织主办，以促进世界范围的技能发展为宗旨，代表职业技能发展的世界先进水平，被誉为"世界技能奥林匹克"。随着各国对技能人才的高度重视和赛事影响不断扩大，世界技能大赛的参赛人数、参赛国和地区数量、比赛项目等都逐届增加，特别是进入 21 世纪以来，增幅更加明显，到第 45 届世界技能大赛赛项已增加到六大领域 56 个项目。目前，世界技能大赛已成为世界各国和地区展示职业技能水平、交流技能训练经验、开展职业教育与培训合作的重要国际平台。

　　习近平总书记对全国职业教育工作作出重要指示，强调加快构建现代职业教育体系，培养更多高素质技术技能人才、能工巧匠、大国工匠。技能是强国之基、立国之本。为了贯彻落实习近平总书记对职业教育工作的重要指示精神，大力弘扬工匠精神，加快培养高素质技术技能人才，上海市教育委员会、上海市人力资源和社会保障局经过研究决定，选取移动机器人等 13 个世赛项目，组建校企联合编写团队，编写体现世赛先进理念和要求的教材（以下简称"世赛转化教材"），作为职业院校专业教学的拓展或补充教材。

　　世赛转化教材是上海职业教育主动对接国际先进水平的重要举措，是落实"岗课赛证"综合育人、以赛促教、以赛促学的有益探索。上海市教育委员会教学研究室成立了世赛转化教材研究团队，由谭移民老师负责教材总体设计和协调工作，在教材编写理念、转化路径、教材结构和呈现形式等方面，努力创新，较好体现了世赛转化教材应有的特点。世赛转化教材编写过程中，各编写组遵循以下两条原则。

原则一，借鉴世赛先进理念，融入世赛先进标准。一项大型赛事，特别是世界技能大赛这样的国际性赛事，无疑有许多先进的东西值得学习借鉴。把世赛项目转化为教材，不是简单照搬世赛的内容，而是要结合我国行业发展和职业院校教学实际，合理吸收，更好地服务于技术技能型人才培养。梳理、分析世界技能大赛相关赛项技术文件，弄清楚哪些是值得学习借鉴的，哪些是可以转化到教材中的，这是世赛转化教材编写的前提。每个世赛项目都体现出较强的综合性，且反映了真实工作情景中的典型任务要求，注重考查参赛选手运用知识解决实际问题的综合职业能力和必备的职业素养，其中相关技能标准、规范具有广泛的代表性和先进性。世赛转化教材编写团队在这方面都做了大量的前期工作，梳理出符合我国国情、值得职业院校学生学习借鉴的内容，以此作为世赛转化教材编写的重要依据。

原则二，遵循职业教育教学规律，体现技能形成特点。教材是师生开展教学活动的主要参考材料，教材内容体系与内容组织方式要符合教学规律。每个世赛项目有一套完整的比赛文件，它是按比赛要求与流程制定的，其设置的模块和任务不适合照搬到教材中。为了便于学生学习和掌握，在教材转化过程中，须按照职业院校专业教学规律，特别是技能形成的规律与特点，对梳理出来的世赛先进技能标准与规范进行分解，形成一个从易到难、从简单到综合的结构化技能阶梯，即职业技能的"学程化"。然后根据技能学习的需要，选取必需的理论知识，设计典型情景任务，让学生在完成任务的过程中做中学。

编写世赛转化教材也是上海职业教育积极推进"三教"改革的一次有益尝试。教材是落实立德树人、弘扬工匠精神、实现技术技能型人才培养目标的重要载体，教材改革是当前职业教育改革的重点领域，各编写组以世赛转化教材编写为契机，遵循职业教育教材改革规律，在职业教育教材编写理念、内容体系、单元结构和呈现形式等方面，进行了有益探索，主要体现在以下几方面。

1. 强化教材育人功能

在将世赛技能标准与规范转化为教材的过程中，坚持以习近平新时代中国特色社会主义思想为指导，牢牢把准教材的政治立场、政治方向，把握正确的价值导向。教材编写需要选取大量的素材，如典型任务与案例、材料与设备、软件与平台，以及与之相关的资讯、图片、视频等，选取教材素材时，坚定"四个自信"，明确规定各教材编写组，要从相关行业企业中选取典型的鲜活素材，体现我国新发展阶段经济社会高质量发展的成果，并结合具体内容，弘扬精益求精的工匠精神和劳模精神，有机融入中华优秀传统文化的元素。

2. 突出以学为中心的教材结构设计

教材编写理念决定教材编写的思路、结构的设计和内容的组织方式。为了让教材更符合职业院校学生的特点，我们提出了"学为中心、任务引领"的总体编写理念，以典型情景任务为载体，根据学生完成任务的过程设计学习过程，根据学习过程设计教材的单元结构，在教材中搭建起学习活动的基本框架。为此，研究团队将世赛转化教材的单元结构设计为情景任务、思路与方法、活动、总结评价、拓展学习、思考与练习等几个部分，体现学生在任务引领下的学习过程与规律。为了使教材更符合职业院校学生的学习特点，在内容的呈现方式和教材版式等方面也尝试一些创新。

3. 体现教材内容的综合性

世赛转化教材不同于一般专业教材按某一学科或某一课程编写教材的思路，而是注重教材内容的跨课程、跨学科、跨专业的统整。每本世赛转化教材都体现了相应赛项的综合任务要求，突出学生在真实情景中运用专业知识解决实际问题的综合职业能力，既有对操作技能的高标准，也有对职业素养的高要求。世赛转化教材的编写为职业院校开设专业综合课程、综合实训，以及编写相应教材提供参考。

4. 注重启发学生思考与创新

教材不仅应呈现学生要学的专业知识与技能，好的教材还要能启发学生思考，激发学生创新思维。学会做事、学会思考、学会创新是职业教育始终坚持的目标。在世赛转化教材中，新设了"思路与方法"栏目，针对要完成的任务设计阶梯式问题，提供分析问题的角度、方法及思路，运用理论知识，引导学生学会思考与分析，以便将来面对新任务时有能力确定工作思路与方法；还在教材版面设计中设置留白处，结合学习的内容，设计"提示""想一想"等栏目，起点拨、引导作用，让学生在阅读教材的过程中，带着问题学习，在做中思考；设计"拓展学习"栏目，让学生学会举一反三，尝试迁移与创新，满足不同层次学生的学习需要。

世赛转化教材体现的是世赛先进技能标准与规范，且有很强的综合性，职业院校可在完成主要专业课程的教学后，在专业综合实训或岗位实践的教学中，使用这些教材，作为专业教学的拓展和补充，以提高人才培养质量，也可作为相关行业职工技能培训教材。

编委会

2022 年 5 月

前　言

一、世界技能大赛网站设计与开发项目简介

世界技能大赛网站设计与开发项目的前身是"网站设计（Web Design）项目"，项目名称在2017年第44届世界技能大赛上变更为"网站设计与开发（Web Design and Development）项目"。由于本项目是随着互联网技术的产生和发展而创建的新兴比赛项目，直到2003年才首次以展示项目的形式出现在世赛中。网站设计与开发项目是指根据需求进行站点整体风格与布局设计，并根据设计的页面，在各种终端上实现各类页面样式、交互效果和相应功能的竞赛项目。

网站设计与开发项目比赛持续四天，每天完成1—2个任务，具体包括CMS系统开发、速度竞赛、PHP和JS开发、前端开发和团队挑战等内容，累计比赛时间通常超过20小时。网站设计与开发项目基于真实工作环境和工作需求，设置的考查内容范围广泛。每届网站设计与开发项目的技术考核范围在保持三项核心能力的基础上，还要根据互联网技术的发展而变化。具体来说，本项目要求选手具备七方面能力，即工作组织与管理、沟通与人际交流、网站设计、网站重构布局、前端开发、后端开发、内容管理系统开发。在技术方面，选手要能熟练地进行网页风格设计、制作前端交互功能和动画，通过限定框架进行前端和后端功能开发、纯手工代码开发等。同时，选手要关注站点受众群体，进而让最终完成的网站更受欢迎。此外，选手还需要处理好编写代码过程中可能遇到的各种异常状况，妥善处理最终作品与常用浏览器和软硬件之间的兼容性等方面的问题。

网站设计与开发项目非常注重考查选手的思维能力和综合实践能力，它对选手的技术操作、页面设计、逻辑分析、问题判断等方面的能力要求非常严格。这不仅体现了世界技能大赛关注现代信息社会发展的现实要求，还体现了世界技能大赛在战略上重视对人才综合能力的考查和评价。因此，在专业教学中引入网站设计与开发项目的技术要求和理念，基于校企合作，深度推进产教融合，以赛促教、以赛促学、以赛促用，对提升专业建设水平和人才培养高度具有显著的帮助，为培育网站技术全栈工程师及分支领域技术技能人才指明了方向。

二、教材转化路径

本项目组通过对网站设计与开发项目历届世赛考核内容和相关标准要求的深入分析和归纳总结，梳理整合了项目技能考核要素和技术文件中的世界技能标准细则。同时，围绕本项目中权重占比最高的四个领域技能——网站设计、网站重构布局、前端开发、后端开发进行教材的编制，并在其中穿插、融合项目其他通用能力的培养。

针对网站设计、网站重构布局、前端开发和后端开发，按照世赛标准和行业规范要求，结合我国现有的专业教学实际，将教材内容分为两个贯穿型项目，强调技能和素养的综合培育，以"工匠精神"的培育为核心，紧贴企业工作实际，精益求精地将各子项能力细则融入整个项目制作中。在网站设计、网站页面重构模块中，本教材通过引导学生为虚构的博物馆导览组织设计和制作官网，锻炼学生的页面设计和重构能力。在前端开发、后端开发模块中，本教材先根据世赛考核内容和实际行业中的项目开发情况，讲述后台 API 开发方法；接着基于开发的 API，继续完成前端与后端的数据绑定和交互效果，实现网站功能。

经历了两个项目的学习和训练后，学生可以理解世赛相关技能操作的要求，并掌握网站项目开发的能力。通过转化世赛理念和技术要求，进一步提升学生的专业素养和开阔学生的眼界，为学生成长为契合行业和企业需求的网站技术人员奠定坚实的基础。

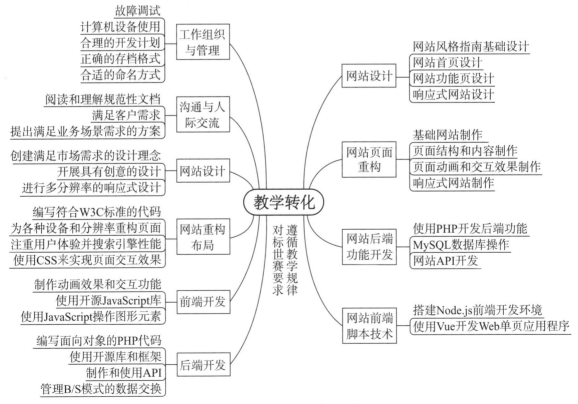

网站设计与开发项目教材转化路径图

目　录

模块四　网站前端脚本技术

模块一

网站设计

网站设计是所有网站制作前的重要步骤。根据企业需求形成设计稿，进行样式风格和具体功能的确认，可以有效地提高沟通效率，减少后续开发过程中的变更。网站设计稿是后续页面重构和功能实现的重要基础。网站设计的主要任务是使用图像设计工具，开展创意设计，绘制符合企业要求和设计规范的设计稿。在本模块中，你要根据用户的背景和需求，制作企业官网的设计稿。

在本模块中，你将通过以下任务开展学习：在任务1中，需要根据企业的情况，提交一份网站风格指南（Style Guide）文件，以便在后续的设计过程中，确保所有页面的设计风格规范、统一；在任务2和任务3中，依据网站风格指南设计相关页面，包括首页、博物馆详情页、新闻列表页、新闻详情页、活动列表页、活动详情页和关于页；在任务4中，根据常见的移动端设备分辨率对网站进行适配，根据移动端设备的特点优化网站布局，并设计构思良好的移动端交互功能。

图 1-0-1　风格指南

图 1-0-2　电脑端设计图

任务 1 网站风格指南基础设计

 学习目标

1. 能熟练使用图像编辑软件进行图形设计。
2. 能根据受众群体的特点，完成网站配色方案设计。
3. 能根据企业的特点，维护和改进企业标志设计。
4. 能完成网站 VI 基础设计，包括企业标志、网站标准颜色、辅助颜色、标准字体、各种页面的内容元素等。
5. 能独立制作与维护企业网站的"风格指南"。
6. 能养成积极向上的审美能力，形成正确的审美观。

 情景任务

SMA 是本教材虚构的上海博物馆导览组织，该组织致力于为游客提供优质的博物馆导览服务，提供博物馆的开放时间、地址和预约方式等信息，展示各类博物馆的最新资讯。

SMA 希望你为他们制作一个网站，以便更好地为游客提供服务。在制作页面之前，你需要完成页面样式设计，并提供完整的页面设计稿，以减少网站制作完成后的变更。

在本任务中，你要为该网站完成风格指南的基础设计。网站风格指南的基础设计包括网站色彩、企业标志、字体和各种页面的内容元素等。

提示

如何保证在网站设计中各页面的风格统一？请查看世赛官网上的风格指南相关资料。

 思路与方法

风格指南（Style Guide）是网站设计的规则。在开始制作网站前，首先需要进行完整的需求调研，包括网站应用场景、功能、受众群体等。不同的网站定位所需要的视觉风格、页面板块、内容核心等都会有

所差异。明确上述信息后，便可以在风格指南中定义网站的色彩、字体样式、按钮样式、间距等规则。

在设计网站风格指南时，通常要规定网站的整体风格和通用元素的样式，网站的风格由受众群体的特点决定。

一、风格指南由什么组成？

风格指南通常分为三类：视觉设计风格指南、编程风格指南和编辑风格指南。视觉设计风格指南主要是在视觉传达方面进行规范和约束，如网站 logo、主次色彩、按钮样式、公司整体品牌形象的定义。编程风格指南主要是对开发者在开发过程中常见的典型风格问题进行规范和约束，如源文件名、结构、编码风格。编辑风格指南主要是对文字内容进行规范和约束，如公司内部文档、通告。通常在制作风格指南前，需要先罗列出网站元素，以此来规范元素的风格。因为本任务属于视觉设计风格指南，所以需要设计五个元素，分别为网站 logo、页面色彩规则、文本样式、按钮样式、间距。

想一想

常见的网站元素还有哪些？

二、logo 在风格指南中起到什么样的作用？

logo 是企业的重要标志，它在让用户记住企业的同时，还能传递企业的品牌文化和价值理念。在风格指南的设计过程中，可以根据网站（企业）logo 的风格和网站所属行业，将有关信息元素融入设计中。

三、风格指南中定义的颜色在网站中起到什么样的作用？

在风格指南中，通常需要定义网站的主色、辅色与文本颜色。主色即网站的主要色调，可以在页面中大面积使用，体现网站的风格与主题。辅色即网站的辅助色调，起到突出内容和元素点缀的作用。文本颜色即网站中各类文本的颜色，需要区别于文本所在区域的背景颜色，不仅要具有较高的对比度，还要确保文本内容具有较强的可读性。

想一想

容易抓住用户眼球的颜色具有什么特点？

四、风格指南中定义的字体样式在网站中起到什么样的作用？

在网站基础设计中，选择合适的字体与字号很关键。因为字体是文字的外在形式，不同的字体适合不同的网站主题风格，所以既要根据网站设计风格来搭配合适的字体，又要根据文字所在的网站功能区域来选择不同的字号。

五、按钮有什么特点？

因为按钮是最直观表达网站视觉风格的方式，所以要根据网站设计风格来设计按钮样式。既可以给按钮设置不同的外观属性，包括边框、圆角和阴影等，也可以使用不同的按钮反馈，增强用户交互视觉体验。

六、为什么要在元素之间设置间距？

间距在网站设计中起到分隔板块的作用。可以运用不同大小的间距规则，实现不同层级的板块布局关系。需要注意的是，同一个网站应当严格遵循相同的间距规则，否则在影响网站观感的同时，可能还会给用户带来困惑。

活动：网站风格指南设计

（一）创建画布

如图 1-1-1 所示，创建宽度为 1440 像素、高度为 3000 像素、背景色为白色的画布（目前画布的高度仅为预估，在页面完成后可调整至实际大小）。

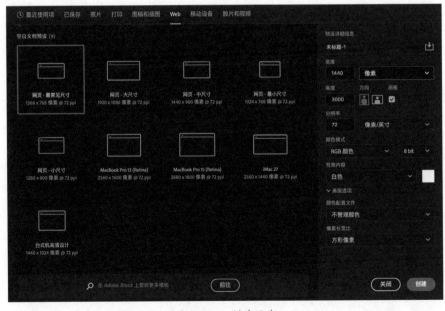

图 1-1-1　创建画布

想一想

如何设置合理的按钮尺寸，让其看起来更加协调？

想一想

按钮与普通元素在视觉上有什么差异？

想一想

为什么在创建画布时需要定义一个较大的初始尺寸？

提示

在 Photoshop 中，按住"Ctrl+N"组合键，可以弹出新建画布面板。

（二）确定色调

选择深蓝色（#1e2a3e）作为网站的第一主色，同时为该颜色设置 80% 的不透明度并叠加在白色背景上，得到第二主色。这两个颜色将在网站中大面积频繁使用。颜色完成效果如图 1-1-2 所示。

图 1-1-2 确定色调

想一想

哪些颜色属于深沉、稳重的配色？

注意事项

网站配色是风格指南中的重要组成部分，它由整个网站的设计风格和受众群体决定。因为本活动的风格指南应用对象是博物馆导览网站，所以在配色风格中主要选择较为深沉、稳重的配色。

（三）制作风格指南的头部样式

1. 使用矩形工具创建一个宽度为 1440 像素、高度为 150 像素、背景色为 #1e2a3e 的矩形。

2. 将设计完成的 logo（素材 "logo-white.png"）置于头部内容区左侧，并使其位于蓝色矩形图层上。

提示

设置字体前，要先确认相关字体是否已经安装。

3. 使用横排文字工具创建 "Style Guide" 文字，字号为 48 像素（48 像素为主要标题大小），字体为 Arial（本任务所有文字默认使用此字体）。风格指南的头部样式完成效果如图 1-1-3 所示。

图 1-1-3 风格指南的头部样式

（四）制作风格指南的 logo 板块

1. 使用横排文字工具创建 logo 板块标题 "LOGO"，字号为 48 像素，颜色为 #1e2a3e。

2. 在 "LOGO" 字样下方使用矩形工具创建宽度为 664 像素、高度为 100 像素、背景色为 #eeeeee 的矩形，将 logo（素材 "logo.png"）置于矩形图层上，如图 1-1-4 所示。

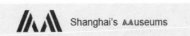

图 1-1-4 logo 板块标题 1

想一想

为什么要为 logo 设置两套不同的配色？

3. 在灰色矩形右侧再创建一个宽度为 664 像素、高度为 100 像素、背景色为 #1e2a3e 的矩形，与灰色矩形水平方向对齐且无中间间距，将 logo（素材 "logo-white.png"）同样置于该矩形图层上。logo 板块标题完成效果如图 1-1-5 所示。

LOGO

图 1-1-5 logo 板块标题 2

（五）制作风格指南的颜色板块

1. 使用横排文字工具创建颜色板块标题 "COLOR"，字号为 48 像素，颜色为 #1e2a3e。在板块标题下方创建三个子标题：主色（primary color）、辅色（secondary color）与文本颜色（text color）。

2. 在主色子标题下创建两个宽度为 216 像素、高度为 82 像素的矩形，颜色分别为 #1e2a3e 和 #1e2a3e/80%（不透明度为 80%），并使用横排文字工具在矩形中插入颜色信息。两个矩形之间的水平间隔为 30 像素。主色完成效果如图 1-1-6 所示。

查一查

什么是 Web 安全色？

图 1-1-6 主色

3. 使用相同方法在辅色子标题下创建四个同样大小的矩形，颜色分别为 #55787a、#9a673a、#9c5733、#c58c73，并插入颜色信息。辅色完成效果如图 1-1-7 所示。

图 1-1-7 辅色

注意事项

设置颜色时，主要使用十六进制颜色码，颜色区间为 0 到 f，不能出现 g 及其之后的字母或者负数。

4. 使用相同方法在文本颜色子标题下创建三个同样大小的矩形，颜色分别为 #000000、#666666、#ffffff，并插入颜色信息。文本颜色完成效果如图 1-1-8 所示。

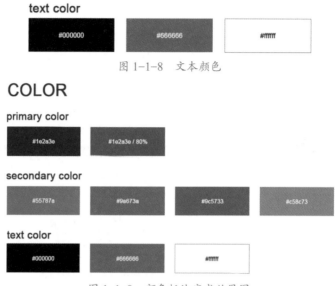

图 1-1-8　文本颜色

图 1-1-9　颜色板块完成效果图

想一想

为什么大多数网站的正文颜色都使用黑色？

（六）制作风格指南的文本样式板块

1. 使用横排文字工具创建"TYPOGRAPHY"文字设计板块标题，字号为 48 像素，文字颜色为 #1e2a3e。

2. 创建"Typefaces"字体标题和字体类型文本，字号为 36 像素，文字颜色为 #000000。文字设计板块标题完成效果如图 1-1-10 所示。

TYPOGRAPHY

Typefaces

Arial

图 1-1-10　文字设计板块标题

3. 使用矩形工具在文本下方创建一个宽度为 300 像素、高度为 108 像素、背景色为 #f1f1f1 的矩形。在矩形中显示主要字体 Arial，矩形内的文字大小为 26 像素。主要字体显示效果如图 1-1-11 所示。

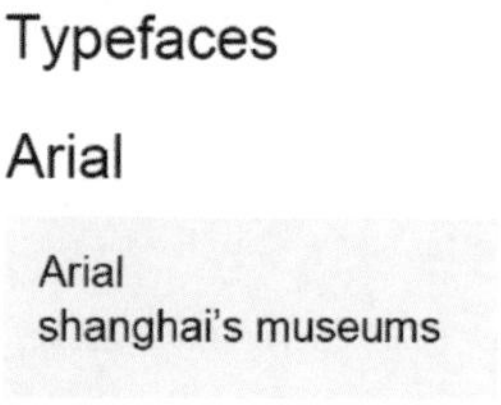

Typefaces

Arial

Arial
shanghai's museums

图 1-1-11　文字板块

4. 使用横排文字工具创建子标题 "Text"，字号为 36 像素，文字颜色为 #000000。在下方创建标题样式模块，在左侧创建文本框，在文本框内写入标题格式名称与标题大小，字号分别为 48 像素与 16 像素，文字颜色为 #000000。

5. 在右侧创建一个宽度为 715 像素、高度为 105 像素、颜色为 #f1f1f1 的矩形（Paragraph 区域的矩形高度为 175 像素），并在矩形内插入文字（文本内容起到样式预览的作用），字号为 48 像素，文字颜色为 #000000。子标题完成效果如图 1-1-12 所示。

Text

Headline 1
h1 48px
Main headlines

图 1-1-12 子标题

6. 在本网站设计规范中，共使用四种标题文字格式与两种段落文字格式，分别为 h1 48 像素、h2 36 像素、h3 28 像素、h4 24 像素、p 18 像素与 p 16 像素。文本样式板块完成效果如图 1-1-13 所示。

Text

Headline 1
h1 48px
Main headlines

Headline 2
h2 36px
Sub headlines

Headline 3
h3 28px
Sub headlines

Headline 4
h3 24px
Sub headlines

Paragrah
p 18px
Lorem ipsum dolor sit amet, consectetur adipisicing elit. A animi architecto debitis dolorum error exercitationem expedita, facilis id inventore iste molestiae natus nesci

Paragrah
p 16px
Lorem ipsum dolor sit amet, consectetur adipisicing elit. A animi architecto debitis dolorum error exercitationem expedita, facilis id inventore iste molestiae natus nesci

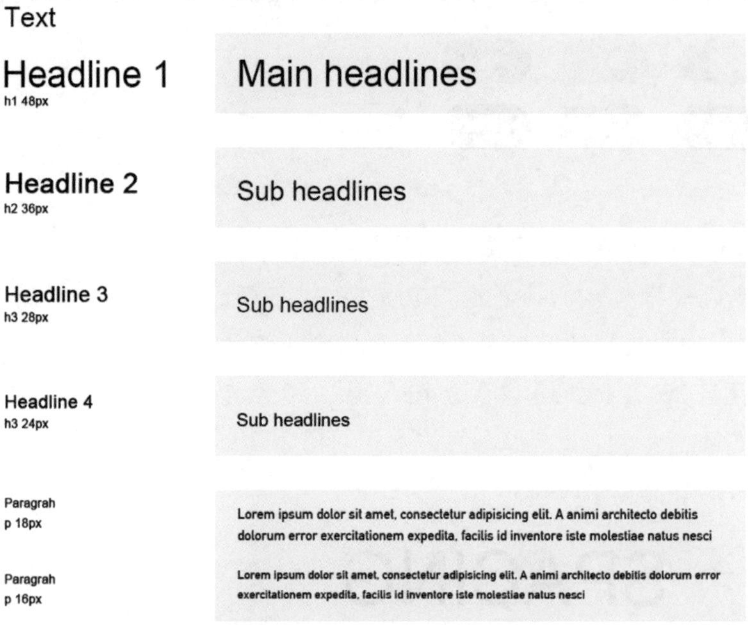

图 1-1-13 文本样式板块完成效果图

（七）制作风格指南的按钮样式板块

1. 使用横排文字工具创建 "BUTTON" 标题，字号为 48 像素，文字颜色为 #1e2a3e。

2. 在标题下方创建一个文本框，在文本框内写入本网站按钮所用样式，如图 1-1-14 所示。

想一想

不同的标题大小在网站中起到什么样的作用？

提示

在画布中按住 "T" 键，可以快速切换到横排文字工具，并点击画布创建文字输入区域。

提示

在画布中按住 "U" 键，可以快速切换到矩形工具，并在画布中单击或拖动创建矩形。

想一想

按钮动画效果
是否能提升网站
的使用体验？

BUTTON

font-size: 18px　　**height: 42px**　　**padding: top/bottom 12px　left/right 36px**　　**border-radius: 21px**

图 1-1-14　BUTTON 板块标题及按钮样式

3. 使用矩形工具创建八个宽度为 84 像素、高度为 42 像素的矩形，并将矩形的圆角半径设置为 21 像素。给八个矩形添加样式，分为两个初始状态按钮、两个 hover 状态按钮、两个 active 状态按钮和两个空心状态按钮。

4. 初始状态按钮的背景颜色为 #c58c73、#1e2a3e。hover 状态按钮的样式是在初始状态按钮背景颜色的基础上增加 70% 的不透明度。active 状态按钮的背景颜色为 #926855、#000000。空心状态按钮的背景颜色为透明，且描边颜色为 #c58c73、#1e2a3e。按钮样式板块完成效果如图 1-1-15 所示。

图 1-1-15　按钮样式板块完成效果图

想一想

为什么在不同
板块之间设置
间距会给页面
整体带来不同
的视觉效果？

（八）制作风格指南的间隔规范板块

使用横排文字工具创建"SPACING"标题，字号为 48 像素，文字颜色为 #1e2a3e。使用矩形工具创建六个正方形，正方形的边长分别为 10 像素、20 像素、30 像素、40 像素、50 像素、100 像素，并在正方形上方标注大小，正方形之间的水平间隔为 30 像素。间隔规范板块完成效果如图 1-1-16 所示。

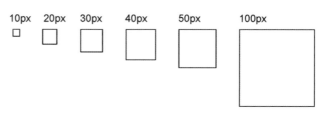

图 1-1-16　间隔规范板块完成效果图

总结评价

根据世赛相关评分要求,本任务的评分标准如表 1-1-1 所示。

表 1-1-1　任务评价表

序号	评价项目	评分标准	分值	得分
1	配色板块	能根据设计风格和用户需求,给网站选择合适的主体颜色搭配方案。每项错误或遗漏,扣除 5 分,扣完为止	20	
2	logo 板块	logo 板块配色运用清晰,排版布局合理。每项错误或遗漏,扣除 5 分,扣完为止	20	
3	文本样式板块	根据页面设计风格,选择合适的字体和字号。每项错误或遗漏,扣除 5 分,扣完为止	20	
4	图文平衡	合理使用留白,段落感明显。每项错误或遗漏,扣除 2.5 分,扣完为止	10	
5	设计符合英文网站规范	无中文行文习惯(首行缩进等),大小写一致等。每项错误或遗漏,扣除 2.5 分,扣完为止	10	
6	设计元素排版	内容宽度合理,栏目文字和图片的对齐方式规律、整齐。每项错误或遗漏,扣除 2.5 分,扣完为止	10	
7	设计按钮样式	合理设计按钮样式和交互风格,增加用户设计体验。每项错误或遗漏,扣除 2.5 分,扣完为止	10	

拓展学习

扁平化设计(Flat Design)

通过本任务的学习,你已经了解了如何完成网站的基础设计。那么,你知道在上述设计中使用的设计风格是什么吗?

扁平化概念的核心意义是去除冗余、厚重和繁杂的装饰效果。它作为一种二维空间的表现形式,通常不使用任何三维效果图形,是一种较为流行的现代平面设计风格。扁平化设计经过近年来的快速发展,在越来越多的领域得以应用。它能够让用户的注意力集中在网站的内容上,减轻用户的阅读疲劳感,十分适合当今"信息爆炸"的时代。

想一想

还有哪些设计风格经常被使用?

一、思考题

1. 如何给页面选择能受到网站用户欢迎的配色？

2. 为什么需要在风格指南设计中规范文字的字体和字号？如果不这样做，会出现什么问题？

二、技能训练题

1. 请尝试为博物馆导览网站设计一套不同风格的风格指南。

2. 请尝试为其他主题网站设计一套不同风格的风格指南。

任务2　网站首页设计

学习目标

1. 能根据网站风格指南，定义网站设计图的基础信息，包括页面文本要求、页面宽度要求、页面布局要求等。
2. 能根据网站风格指南及用户需求，完成网站各板块内容的设计图。
3. 能熟练使用设计软件，对设计图层进行整理。
4. 能熟练使用设计软件中的图层蒙版、钢笔、滤镜等工具制作复杂效果。
5. 能使用图形设计和图像编辑软件独立制作与维护网站设计图。
6. 能根据用户需求，精益求精地完成网站设计。

　情景任务

SMA 已经通过了上一个任务中制作的风格指南设计。现在，你可以基于风格指南中的规则进行网站设计。在开始设计前，你应当了解客户对网站功能的需求，比如，SMA 希望他们的网站包含新闻、活动、博物馆介绍等板块。

首先开始网站首页的设计工作，以便更好地确定网站的栏目和布局规则。作为一个合格的网站，通常要在网站首页中展现重要信息，并且能通过链接的方式跳转到各个板块的子页面。

提示

博物馆类网站首页通常都具有什么样的特点？项目开始前，请先浏览国内主要的博物馆网站。

　思路与方法

网站首页作为网站的门户，能反映网站的显著特点，在网站中起到十分重要的作用。用户可以通过网站首页了解该网站所提供和展示的动态、信息、功能等内容。在开始网站首页设计工作前，首先要回顾先前设计的风格指南。在风格指南中查阅网站的 logo、页面色彩、字体样式、按钮样式等规则。

> **注意事项**
> 网页设计图中的元素一定要符合风格指南的定义。

一、网站首页通常包含哪些内容?

网站首页设计一般需要根据客户需求,确定网站首页的功能,以此来设计首页中的栏目。通常需要在首页展示较为重要的信息,并能通过布局体现权重,将重要信息展示在用户容易看见的位置。根据网站需求方的要求,本任务需要在首页中展示六个栏目,分别为页面头部(logo、导航栏)、页面 banner、博物馆展示栏目、活动展示栏目、新闻展示栏目、页面底部(版权信息、社交)。

二、如何运用风格指南中定义的颜色?

在上一个任务中,已经明确了风格指南的两个主色、四个辅色和三个文本颜色。辅色在页面中起到提醒和点缀作用。文本颜色可以根据文字所在区域的背景颜色进行选择,应时刻保持文本颜色和背景颜色有较高的对比度。

三、如何运用风格指南中定义的文本样式?

在风格指南中,已经定义了文本的字体、字号和其在不同情境下的样式。在页面设计中,需要遵循风格指南中的定义,在相应的位置设置相应的文本样式。

四、如何确定网站的尺寸?

为了满足大部分屏幕分辨率的浏览需求,通常把 1280 像素作为网站最低分辨率兼容标准,将内容宽度设置为 1210 像素。如果需要兼顾 1024 像素分辨率的显示器,则可以将内容宽度设置为 980 像素。建议将画布尺寸设置为 1920 像素,并在内容宽度两侧设置参考线。

五、如何让页面排版更吸引用户?

在网页设计过程中,通常需要根据项目的需求来完成指定板块的内容展示。同时,需要根据板块之间不同功能的使用频率和重要性,按照合适的顺序进行排列。

因为用户通常不会对大段的文字感兴趣，所以不仅要在每个板块的设计中放置具有代表性的图片素材，还要对大段的文字进行缩略处理，比如，可以通过按钮交互的形式，在用户需要详细阅读时进行展示。在一些特殊的板块（如新闻、活动）中，可以加入日期元素，以便用户了解相关内容发生的时间。

查一查

除了扁平化设计外，还有哪些设计风格？

六、为什么需要对素材图片进行风格化处理？

对于网站首页，要遵照先前制定的风格指南进行具有独特风格的设计。因为网页中使用的图片元素可能会与网站主题和整体风格相冲突，所以在图片置入后，需要对图片进行风格化处理，以确保图片符合网站主题和整体风格。

七、设计博物馆网站的基本原则有哪些？

1. 首页导航地图要清晰。网站首页就像"书的封面"，能引导用户深入使用网站的各项功能。在首页设计中，明确且有效的导航是非常重要的。

2. 首页编排要突出重点。导航等常用的板块应出现在首页的显著位置，在清晰展示网站板块的同时，还能突出重要的内容。

3. 视觉设计要突出。首页是用户对网站的第一印象，因此需要在设计中让网站主题得到充分表现，同时可以结合大量的交互动画来提升用户的视觉体验。

活动：网站首页设计

（一）创建画布

创建宽度为 1920 像素、高度为 6000 像素、背景色为 #1e2a3e 的画布（目前画布的高度仅为预估，在页面完成后可调整至实际大小）。

> **注意事项**
>
> 画布默认底板色的颜色可在右侧"预设详细信息"中背景内容的颜色板上进行设置。

想一想

创建白色矩形的
作用是什么?

（二）创建头部和 banner 区域

1. 如图 1-2-1 所示，使用矩形工具创建一个宽度为 1920 像素、高度为 1080 像素、背景色为白色（#ffffff）的矩形。

图 1-2-1　创建白色矩形

2. 将素材中的图片（素材"img1.jpg"）拖拽至标题栏区域，软件自动在新的画布中加载拖入的图片。

3. 先按下快捷键"Ctrl+A"（全选），再按下快捷键"Ctrl+C"（复制），然后在先前创建的画布中按下快捷键"Ctrl+V"（粘贴）。图片载入后的效果如图 1-2-2 所示。

提示

在 自 由 变 换
模 式 下，按 住
Shift 键 后，再
拖动图层元素
周 围 的 操 作
点，这 样 能 让
图层元素在保
持原有的长宽
比例的基础上
进行缩放。

图 1-2-2　将图片载入 Photoshop 中

4. 使用自由变换功能（快捷键"Ctrl+T"）调整图片大小，将图片的图层置于矩形的图层上方。右键单击图片的图层，创建剪贴蒙版。这

时，置入的图片会覆盖在矩形上，超出矩形的部分会被隐藏。剪贴蒙版
创建完成后的效果如图 1-2-3 所示。

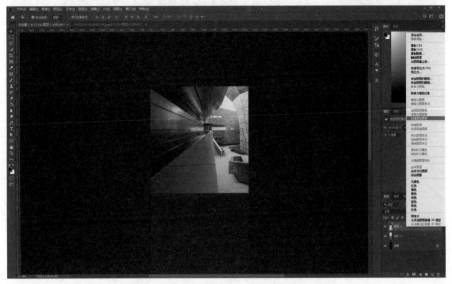

图 1-2-3　创建剪贴蒙版

5. 点击右下角的按钮添加色相 / 饱和度图层，如图 1-2-4 所示，将
该图层属性面板中的饱和度及明度的值都设为 -20，置于图片上，并创
建剪贴蒙版。

图 1-2-4　调整色相 / 饱和度

6. 创建宽度为 1920 像素、高度为 100 像素的矩形，该区域为导
航栏区域。设置导航栏矩形图层的填充色为从前景色到透明渐变，颜
色为 #1e2a3e（VI 主色），旋转渐变为 -90 度，并创建剪贴蒙版，置于
banner 区域顶部。导航栏区域完成效果如图 1-2-5 所示。

提示

对图片进行风
格化处理，有
助于提升图片
素材与网站风
格的契合度，
让页面整体观
感更和谐。

图 1-2-5　创建导航栏区域

7. 复制上一步创建的图层，如图 1-2-6 所示，将旋转渐变改为 90 度，置于 banner 区域底部。

想一想

修改旋转渐变角度的作用是什么，对画面效果有什么影响？

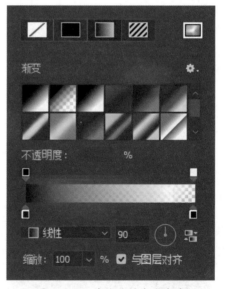

图 1-2-6　修改旋转渐变角度

提示

移动工具结合选框工具的使用，可以让元素在临时创建的选框中以一定方式对齐。

8. 将 logo（素材 "logo-white.png"）置入头部内容区域左侧，选中 logo 图层，使用矩形选框工具选中头部区域的高度，再点击移动工具使其垂直居中。

9. 在头部区域使用横排文字工具添加导航栏（添加文字依次为 "Home" "Museums" "Events" "News" "About"），设置字体为 Arial，字体大小为 18 像素，文本颜色为白色，使其在导航栏区域垂直居中。导航栏完成效果如图 1-2-7 所示。

图 1-2-7 导航栏完成效果图

想一想

在 banner 区域放置背景图片，这对网站风格的呈现有什么帮助？

> **注意事项**
>
> 页面内元素应置于定义的内容宽度以内。

10. 如图 1-2-8 所示，在 banner 区域中央添加一段文本（素材 "text.txt"），字体大小为 60 像素，文本颜色为白色，水平居中，左对齐。在其下方再添加另一段文本（素材 "text.txt"），字体大小为 24 像素，文本颜色为白色，左对齐。

提示

网站设计中使用的 "Lorem ipsum ..." 文本是一种排版印刷领域中常用的拉丁填充文本，简称为 Lipsum。该文本由拉丁字母组成，无任何含义，其视觉效果比较接近英文文本的效果。

图 1-2-8 在 banner 区域添加文本

（三）创建博物馆区域

1. 为每个板块设置内边距，内边距大小为 80 像素。设置博物馆区域的标题为 "Museums"，字体大小为 48 像素，文本颜色为白色。

2. 在文字右侧创建切换按钮，先使用椭圆工具创建宽度为 50 像素、高度为 50 像素的圆形，将其填充色设置为透明，其中描边颜色为

提示

正确设置组合，能有效提高设计效率。

白色，描边宽度为 2 像素；再使用圆角矩形工具创建宽度为 4 像素、高度为 18 像素的矩形。切换按钮完成效果如图 1-2-9 所示。

图 1-2-9　设计切换按钮

3. 修改矩形的角度，再复制该图层，调整角度，将它们组合成一个箭头。将这几个图层都放入一个组中，复制这个组，然后调整角度。

4. 将这两个按钮和博物馆的标题同时选中，使用选框工具选择高度为 50 像素的区域，使它们在这个区域内垂直居中显示。博物馆区域标题完成效果如图 1-2-10 所示。

图 1-2-10　博物馆区域标题

5. 如图 1-2-11 所示，创建宽度为 1170 像素、高度为 700 像素的区域，将填充色设置为 #9a673a（辅色），并且置于 Museums 下方 40 像素的位置。

图 1-2-11　博物馆区域底部矩形

6. 将该矩形区域分为左右两部分：左半边为文字区域，宽度为 400 像素；右半边用于放置图片（素材 "img6.jpg"）。

7. 将左侧文字区域的上下左右边距设置为 30 像素，添加博物馆名称（Museum name）、博物馆开关字样（Opening and closing）、博物馆开关时间（09：00 — 17：00）、博物馆介绍（Lorem ……）四段文本。

8. 设置博物馆名称，字体大小为 36 像素，文本颜色为白色。

9. 设置博物馆开关字样，字体大小为 16 像素，文本颜色为白色，不透明度为 50%。

10. 设置博物馆开关时间，字体大小为 16 像素，文本颜色为白色。

11. 设置博物馆介绍，字体大小为 16 像素，文本颜色为白色。

12. 在右侧图片区域创建一个宽度为 770 像素、高度为 700 像素的矩形，再将图片置于矩形上，并创建剪贴蒙版，将图片覆盖在矩形上，如图 1-2-12 所示。

图 1-2-12　博物馆图文介绍

13. 如图 1-2-13 所示，在文字内容区域下方创建一个宽度为 400 像素、高度为 100 像素、填充色为白色的矩形。

图 1-2-13　创建矩形

14. 在相同位置创建一个宽度为 1170 像素、高度为 100 像素、填充色为 #1e2a3e（主色）且不透明度为 90% 的矩形。矩形完成效果如图 1-2-14 所示。

想—想

带有不透明度的图层的叠放顺序对画面有什么影响？

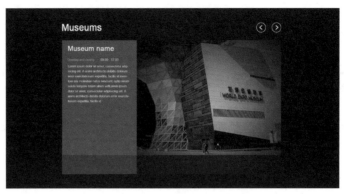

图 1-2-14　为矩形设置填充

15. 使用多边形工具创建五边形，将填充色设置为透明，其中描边颜色为白色，大小为 5 像素，不透明度为 30%。使用快捷键"Ctrl+T"修改多边形形状。

16. 通过多次复制该图层，并缩放成不同大小后组成一个图案。对图案涉及的图层先进行栅格化（Photoshop 中将矢量图转换为点阵图的方法），再将它们合并成一个图层并创建剪贴蒙版。使用同样的方法制作区域右下角的三角形。五边形和三角形完成效果如图 1-2-15 所示。

图 1-2-15　创建五边形和三角形

17. 将栏目分为两部分：左侧 400 像素宽度为一个文本区，右侧 770 像素宽度为一个文本区，文本颜色均为白色。

18. 在左侧区域内添加文本内容，其中数字部分的字体大小为 36 像素且使用 Arial 字体，数字部分下方文字的字体大小为 18 像素，并设置文字位置相对于该区域居中对齐。

想一想

为什么字体大小需要遵循风格指南的要求？不规范的大小关系会造成什么影响？

19. 在右侧区域内添加文本内容，字体大小为 18 像素，并设置文字位置相对于该区域居中对齐。添加文字后的效果如图 1-2-16 所示。

图 1-2-16　添加文字

20. 创建宽度为 770 像素、高度为 700 像素的矩形，并置于右侧图片上。将填充色设置为透明渐变，颜色为 #1e2a3e（主色），渐变样式改为径向、反向渐变，缩放为 170%。为图像创建遮罩后的效果如图 1-2-17 所示。

图 1-2-17　为图像创建遮罩

21. 创建字体大小为 18 像素、宽度为 110 像素、高度为 42 像素、圆角为 21 像素、文本颜色为白色、填充色为 #1e2a3e（主色）的按钮，并对按钮涉及的图层进行编组（快捷键 "Ctrl+G"）。

22. 复制这个组，将矩形填充色修改为 #c58c73（辅色），作为第二个按钮。按钮效果如图 1-2-18 所示。

图 1-2-18　创建按钮

想一想

两个按钮使用不同颜色的优点是什么？

（四）创建活动区域

1. 为活动区域创建一个宽度为 1920 像素、高度为 870 像素、填充

色为 #55787a（辅色）的矩形，将其作为背景图层。

2. 将活动区域距离上方的边距设置为 80 像素。

3. 在该区域内容部分最左侧添加标题"Events"，文本颜色为白色，字体大小为 48 像素，将文字位置设置为左对齐。

4. 在该区域内容部分最右侧添加按钮"More"，使用圆角矩形工具创建宽度为 109 像素、高度为 42 像素、填充色为 #c58c73 的圆角矩形，文本颜色为白色，字体大小为 18 像素。将标题和按钮设置为在 42 像素的行高内垂直方向居中对齐。活动区域标题完成效果如图 1-2-19 所示。

图 1-2-19　活动区域标题

5. 将活动区域分为左右两部分：左侧部分为当前热门活动推荐；右侧部分为近期活动列表。

6. 在区域左侧创建一个宽度为 270 像素、高度为 630 像素、背景色为黑色的矩形，将其作为热门活动推荐区域，该区域的内边距为 20 像素。

7. 在该区域内添加日期、时间、活动标题、内容文本、信息描述文字、信息内容等。

说一说

文字的透明度对网站风格的影响是什么？

8. 将日期与时间置于同一行，且两者之间的间距为 25 像素。日期的字体大小为 36 像素，时间的字体大小为 18 像素，活动标题的字体大小为 18 像素且上下外边距为 20 像素，内容文本、信息描述文字、信息内容的字体大小为 16 像素。其中，内容文本和信息内容的行高为 30 像素，内容文本的文本颜色为白色且不透明度为 75%，信息描述文字的文本颜色为白色且不透明度为 50%，上下边距分别为 18 像素、7 像素。

9. 在左侧区域右下角添加按钮"Join"，填充色为 #1e2a3e（VI 主色），文本颜色为白色，如图 1-2-20 所示。

图 1-2-20　热门活动推荐

10. 将右侧区域分为三列，每列之间的间距为 30 像素。每列设置两行内容，每行创建一个宽度为 270 像素、高度为 290 像素的矩形。在矩形上叠加图片（素材"img2.jpg"），并创建剪贴蒙版，覆盖在矩形上。

11. 在图片上再创建一个宽度为 270 像素、高度为 290 像素的矩形，覆盖在图片上，并创建剪贴蒙版。将该矩形的填充色设置为从前景色到透明渐变，角度为 0，缩放为 170%。颜色为 #1e2a3e（VI 主色），渐变样式改为径向、反向渐变。在矩形内距离左下角 20 像素的位置添加日期、时间和活动标题三段文字。其中，日期文字为 24 像素，时间和活动标题为 16 像素。这三段文字分两行显示，日期与时间一行，两者之间的间距为 25 像素，活动标题与上一行的间距为 10 像素。活动区域完成效果如图 1-2-21 所示。

想一想

在设计过程中，放置示意图或者使用色块代替图片，哪一种方案的效果更好？

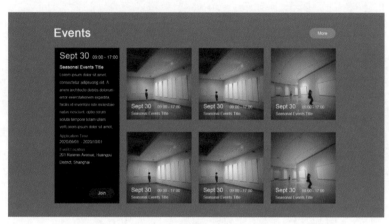

图 1-2-21　活动区域完成效果图

（五）创建新闻区域

1. 为新闻区域创建宽度为 1920 像素、高度为 920 像素的矩形。将背景图片（素材"img4.jpg"）置于矩形上，并创建剪贴蒙版，覆盖在矩形上。复制该矩形，置于图片上，并创建剪贴蒙版，填充色为 #9a673a（辅色），不透明度为 90%。新闻区域背景完成效果如图 1-2-22 所示。

想一想

如果首页宽度发生变化，新闻区域的宽度是否要随之变更？

图 1-2-22　新闻区域背景

2. 添加新闻的板块标题"NEWS",文本颜色为白色,字体大小为 48 像素。在标题右侧添加按钮"More",使用圆角矩形工具创建宽度为 109 像素、高度为 42 像素、填充色为 #c58c73 的圆角矩形,文本颜色为白色,字体大小为 16 像素。将标题和按钮设置为在 42 像素的行高内垂直方向居中对齐。新闻区域标题完成效果如图 1-2-23 所示。

图 1-2-23　新闻区域标题

3. 每条新闻的上下边距为 40 像素。将每条新闻划分为两部分:左边为新闻内容,宽度为 870 像素;右边为新闻图片,宽度为 270 像素。每条新闻左右两部分的间距为 30 像素。

4. 在左侧新闻内容部分设置新闻标题,文本颜色为白色,字体大小为 24 像素。在新闻标题下方 25 像素处添加新闻内容,字体大小为 16 像素,行高为 26 像素,文本颜色为白色,不透明度为 75%。

5. 在新闻的左下角添加日期,在右下角添加按钮"View",文本颜色为白色,其中按钮的填充色为 #1e2a3e(主色)。将日期和按钮设置为在 42 像素的行高内垂直方向居中对齐。

想一想

渐变样式使用的注意点是什么?

6. 在右侧新闻图片部分创建一个宽度为 270 像素、高度为 160 像素的矩形,然后将图片(素材"自然博物馆 2.jpg")置于矩形上,并创建剪贴蒙版,将图片调整为合适的大小。

7. 再创建一个宽度为 270 像素、高度为 160 像素的矩形,覆盖在图片上,并创建剪贴蒙版。将该矩形的填充色设置为从前景色到透明渐变,颜色为 #1e2a3e(VI 主色),渐变样式改为径向、反向渐变。单条新闻完成效果如图 1-2-24 所示。

图 1-2-24　单条新闻完成效果图

8. 在每条新闻的下方设置一条宽度为 1170 像素、高度为 1 像素的白色矩形,并将一条新闻涉及的所有元素进行编组。复制该组两次,完成三条新闻样式的填充。新闻区域完成效果如图 1-2-25 所示。

查一查

网站中常见的交互效果有哪些?

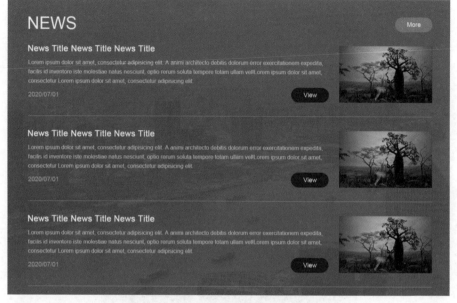

图 1-2-25　新闻区域整体效果图

(六)创建页脚区域

1. 创建页脚区域,宽度为 1920 像素,高度为 100 像素。在左侧添加版权信息,文本颜色为白色,字体大小为 16 像素。

2. 在右侧添加社交媒体图标(素材依次为"QQ.png""微信.png""微博.png"),将图标的宽度和高度设置为 40 像素,图标之间的间距为 20 像素,并使版权信息和社交媒体图标相对于页脚高度垂直方向居中对齐。页脚区域完成效果如图 1-2-26 所示。

提示

社交媒体图标可以从对应的官网上获取。

图 1-2-26　页脚区域完成效果图

3. 测量首页设计图的实际高度,调整画布大小,完成首页设计图制作,如图 1-2-27 所示。

当前制作的设
计图与效果图
是否有差异，
应如何修正？

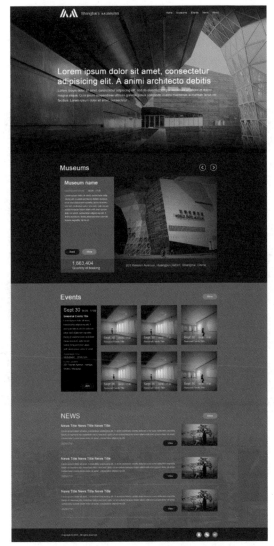

图 1-2-27　网站首页完成效果图

 **总结评价**

根据世赛相关评分要求，本任务的评分标准如表 1-2-1 所示。

表 1-2-1　任务评价表

序号	评价项目	评分标准	分值	得分
1	页头信息完整，布局合理	包括网站 logo、导航菜单和 banner 等内容，布局合理。每项错误或遗漏，扣除 5 分，扣完为止	20	

（续表）

序号	评价项目	评分标准	分值	得分
2	页底信息完整，布局合理	包括必要的社交媒体和版权声明等内容，布局合理。每项错误或遗漏，扣除 2.5 分，扣完为止	10	
3	首页信息完整，布局合理	包括特别推荐栏、活动栏、新闻栏等内容，布局合理。每项错误或遗漏，扣除 5 分，扣完为止	20	
4	图文平衡	合理使用留白，段落感明显。每项错误或遗漏，扣除 2.5 分，扣完为止	10	
5	设计符合英文网站规范	无中文行文习惯（首行缩进等），大小写一致等。每项错误或遗漏，扣除 2.5 分，扣完为止	10	
6	设计元素排版	内容宽度合理，栏目文字和图片的对齐方式规律、整齐。每项错误或遗漏，扣除 2.5 分，扣完为止	10	
7	设计风格的一致性	按照风格指南中的色值、字体样式等信息进行设计。每项错误或遗漏，扣除 5 分，扣完为止	20	

 拓展学习

通过本任务的学习，你已经掌握了基础的网站首页设计方法。你知道网站中的元素宽度和间距是基于什么规则实现的吗？

一、栅格系统（Grid Systems）

以罗马体为基础，以方格为设计依据，每个字体方格分为 64 个基本方格单位，每个方格单位再分成 36 个小格，这样一个印刷版面包括 2304 个小格。在这个严谨的几何网格网络中设计字体的形状，编排版面，试验传达功能的效能，这是世界上最早对字体和版面进行科学实验的活动，也是栅格系统最早的雏形。

二、网页栅格系统

在网页中运用栅格系统进行界面设计，正是从平面栅格系统中发展而来的。通过运用固定大小的格子，可以使得页面中的元素比例看起来更加美观、易读，具有一定的易用性。设计师可以根据自己的需求，定义适合所设计网站的独特栅格系统规范。在网页设计中引用栅格系统，也逐渐成为主流网站必备的方式。

查一查

如何在网站设计与开发中运用栅格系统？

 思考与练习

一、思考题

1. 如何更有效地编排网站的页面头部、底部，使后续制作该网站的其他页面时复用起来更便捷？

2. 为什么要在元素之间设置等宽的间距？如果间距大小不统一，会带来什么样的问题？

二、技能训练题

1. 请尝试为博物馆网站再设计一个不同布局的首页。

2. 请尝试为新设计的博物馆网站首页增加导航模块。

任务 3 网站功能页设计

 学习目标

1. 能复用网站页面设计稿，并确保所有页面的页头和页底风格一致。
2. 能参照网站风格指南，完成二级子页面内容的设计，包括用户、产品/项目、新闻、服务/支持等常见页面。
3. 能熟练使用设计软件，对网站页面设计图进行整理并做好版本控制。
4. 能根据用户需求，设计出符合网页功能特点的交互功能。
5. 能独立制作与维护网站所有页面的设计图。

 情景任务

在上一个任务中，你已经顺利完成了网站首页的设计工作，合理地展示了客户所需的功能板块。由于篇幅限制，更多的信息需要通过功能页面进行展示。在功能页面设计中，应当遵循风格指南中的规则，以便统一网站的视觉系统。在本任务中，你可以通过四个活动来了解功能页面的制作方法，并在课后练习中完成剩余两个功能页面的制作。

提示

博物馆类网站的功能页面通常都具有什么样的特点？它们和首页在样式上有什么样的关系？项目开始前，请先浏览国内主要的博物馆网站。

 思路与方法

网站功能页面是网站开展具体业务的各个分支页面，它可以通过网站首页导航等形式被用户访问。在设计网站功能页面时，应当保持网站功能页面的风格统一。

一、本任务需要设计哪些功能页面？

网站功能页面一般需要根据网站首页中的业务逻辑及用户需求来确定。通常情况下，网站首页仅展示较为重要的信息，更多内容需要用户通过首页导航来进一步了解。首页中过多的信息会使用户在视觉上感到疲劳，无法判断内容的主次关系。网站首页的作用是将重要信息展示出来，用清晰的主次关系帮助用户确定自己需要阅读的内容，再通

过交互的方式向用户展示内容。根据网站需求方的要求，你需要设计六个网站功能页面，分别为新闻列表页、新闻详情页、博物馆详情页、活动列表页、活动详情页、关于页。在设计中，要能体现出不同功能页面的业务特点。

二、在一般页面设计中需要注意什么？

1. 以页面内容为主体

过度地追求网页设计，可能会对用户体验造成负面影响。在页面上放置太多元素，可能会导致用户将注意力从网站的主要信息转移至其他内容上。"简单"始终是网页设计的第一准则，因为干净整洁的页面设计不仅能使网站更具吸引力，还能帮助用户快速找到他们想要查看的内容。为了页面美观而增加过多的动画特效，可能会导致网页加载时间变长。保持页面设计尽可能"简单"，让用户一打开网页就知道该如何使用，这才是网页设计需要优先考虑的。

2. 保持风格的一致性

网页设计风格的一致性非常重要，因此，要尽量保持每个页面的设计风格基本相同，比如，字体、大小、标题、子标题和按钮样式在整个网站中必须相同。在页面设计中，需要提前规划好这些常用的布局样式，确定文本、按钮等元素的格式，并在整个设计过程中尽量保持风格的一致性。

3. 注意版式和可读性

网页的文本内容为用户提供所需的信息，特别是对搜索引擎（Search Engine Optimization，简称 SEO）优化来说，文本内容的质量是判断当前页面能否在搜索结果中取得更高排名的一个重要影响因素。一个好的页面设计不仅要在视觉上吸引用户，还要使内容阅读起来更加便捷，更要支持 SEO 优化和适当的关键词布局。为了使网页内容更容易阅读，不仅可以考虑使用更易于阅读的字体，如正文使用现代无衬线字体（如 Arial、Helvetica），还可以适当调整字体大小。一般来说，字体越大越易于阅读。

4. 考虑移动端的兼容性

现如今是移动网络快速布局的时代，在平板电脑和手机上浏览网页的用户在不断增长，因此网页设计必须对各种分辨率都有很好的支持。如果网页不能支持所有分辨率，那么可能就会丢失一部分潜在用户。现在，许多网站开发公司和网页设计公司都采用自适应布局开发前端网页，来满足不同用户端的浏览需求。

三、二级页面的设计需要注意什么？

设计二级页面时，应使其与网站其他页面的视觉风格一致。通常在设计过程中，可以使用相同的网站页头和页底内容，使网站风格更具有标志性。网站的二级页面应使用相同的内容宽度，避免用户在页面切换过程中对画幅变化感到困惑。

四、如何在页面设计中增强用户体验？

在网站设计过程中，给按钮等可操作内容增加交互效果，可以让用户的操作更加精准和便捷。隐藏可以通过交互效果显示的非关键信息，可以增强用户的浏览效率，让用户更容易关注到关键内容，减少疲劳感，给用户带来更好的体验。

 活动

活动一：新闻列表页设计

（一）创建画布

创建宽度为 1920 像素、高度为 2000 像素、背景色为白色的画布（目前画布的高度仅为预估，在页面完成后可调整至实际大小）。

（二）创建页头

1. 将素材中的图片（素材"img6.jpg"）拖拽至标题栏区域，软件自动在新的画布中加载拖入的图片。

2. 先按下快捷键"Ctrl+A"（全选），再按下快捷键"Ctrl+C"（复制），然后在先前创建的画布中按下快捷键"Ctrl+V"（粘贴）。

3. 在任务画布中选中图片（素材"img6.jpg"）图层，使用自由变换功能（快捷键"Ctrl+T"）调整大小，并通过设置"滤镜—模糊—高斯模糊"的方法来添加 6 像素的高斯模糊，将此图片图层移至图层列表中的最下层作为背景图片。

4. 创建宽度为 1920 像素、高度为 1300 像素的矩形，设置矩形图层的填充色为从前景色到透明渐变，颜色为 #1e2a3e（VI 主色），旋转渐变为 90 度。

5. 再创建一个宽度为 1920 像素、高度为 1300 像素、填充色为 #1e2a3e 且不透明度为 50% 的矩形。新闻列表底部区域完成效果如图 1-3-1 所示。

图 1-3-1　新闻列表页底部区域

6. 创建宽度为 1920 像素、高度为 100 像素的矩形, 设置矩形图层的填充色为从前景色到透明渐变, 颜色为 #1e2a3e (VI 主色), 旋转渐变为 −90 度。

7. 将 logo (素材 "logo-white.png") 置入头部内容区域左侧, 选中 logo 图层, 使用矩形选框工具选中头部区域的高度, 再点击移动工具使其垂直居中。

8. 在头部区域使用横排文字工具添加导航栏, 设置字体为 Arial, 字体大小为 18 像素, 文本颜色为白色, 使其在导航栏区域垂直居中。新闻列表头部区域完成效果如图 1-3-2 所示。

图 1-3-2　新闻列表页头部区域

（三）创建内容区域

1. 在每个板块之间设置边距, 边距大小为 60 像素。设置内容区域的标题, 字体大小为 48 像素, 文本颜色为白色。

想一想

元素边距设置遵循的依据是什么?

2. 在矩形内添加新闻, 每条新闻的上下边距为 40 像素。设置新闻标题, 字体大小为 24 像素, 文本颜色为白色。将每一条新闻划分为左右两部分: 左半边为新闻内容, 右半边为新闻图片, 左右两部分的间距为 30 像素。

3. 创建一个宽度为 270 像素、高度为 173 像素的矩形, 然后将图片 (素材 "自然博物馆 2.jpg") 置于矩形上, 并创建剪贴蒙版, 将图片调整为合适的大小。再创建一个宽度为 270 像素、高度为 173 像素的矩形，将其叠放于图片上。该矩形图层的填充色为从前景色到透明渐变，颜色为 #1e2a3e，渐变样式改为径向、反向渐变，缩放为 170%。

4. 添加新闻正文内容，字体大小为 16 像素，文本颜色为白色。

5. 在新闻的左下角添加日期（字体大小为 18 像素），在右下角添加按钮"View"，文本颜色为白色。其中，按钮的填充色为 #1e2a3e（主色）。将日期和按钮设置为在 42 像素的行高区域内垂直方向居中对齐。

6. 在每条新闻的下方设置一条宽度为 1170 像素、高度为 1 像素的白色矩形，并将一条新闻涉及的所有元素编组。复制该组两次，完成三条新闻样式的填充。新闻列表内容区域完成效果如图 1-3-3 所示。

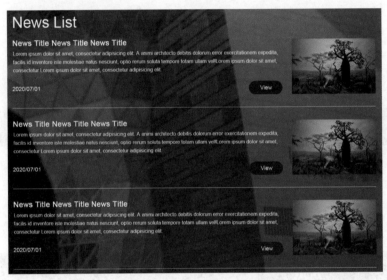

图 1-3-3　新闻列表内容区域

7. 在新闻列表下方创建六个宽度为 30 像素、高度为 30 像素的矩形，最左和最右两个矩形的填充色为 #4b5564，并在其内部添加向左和向右的白色箭头。

8. 在剩余四个矩形内部分别添加数字。第一个矩形为选中时的样式，填充色为 #1e2a3e，文本颜色为白色。其余矩形的填充色为白色，文本颜色为黑色。分页功能完成效果如图 1-3-4 所示。

提示

分页组件中，蓝色的按钮样式一般为"高亮"效果，用于表示用户当前所在的页面。

图 1-3-4　分页功能

（四）创建页脚区域

1. 创建宽度为 1920 像素、高度为 100 像素、填充色为 #1e2a3e 的矩形。

2. 在左侧添加版权信息，字体大小为 16 像素，文本颜色为白色。

3. 在右侧添加社交媒体图标（素材依次为"QQ.png""微信.png""微博.png"），并将图标的宽度和高度设置为 40 像素，每个社交媒体图标之间的间距为 20 像素。

> **注意事项**
>
> 选择社交媒体图标时，尽量选择风格一致的图标样式。

4. 设置版权信息和社交媒体的图标相对于页脚高度垂直居中对齐。页脚区域完成效果如图 1-3-5 所示。

图 1-3-5　新闻列表页脚区域

5. 测量新闻列表页设计图的实际高度，调整画布大小，完成新闻列表页设计图制作，如 1-3-6 所示。

图 1-3-6　新闻列表页完成效果图

活动二：活动列表页设计

（一）创建画布

创建宽度为 1920 像素、高度为 2000 像素、背景色为白色的画布（目前画布的高度仅为预估，在页面完成后可调整至实际大小）。

（二）创建页头

采用活动一中的相同步骤创建活动列表页页头，如图 1-3-7 和图 1-3-8 所示。

提示

不同的功能页面之间，其页面内容宽度及通用元素的样式尺寸应当保持一致。

图 1-3-7　活动列表页底部区域

图 1-3-8　活动列表页头部区域

（三）创建内容区域

1. 在每个板块之间设置边距，边距大小为 60 像素。设置内容区域的标题，字体大小为 48 像素，文本颜色为白色。

2. 将活动区域分为四列，每列之间的间距为 30 像素。每列设置两行内容，每行创建一个宽度为 270 像素、高度为 270 像素的矩形。在矩形上叠加图片（素材"观复博物馆 2.jpg"），并创建剪贴蒙版，覆盖在矩形上。

3. 再创建一个宽度为 270 像素、高度为 270 像素的矩形，叠放于图片上。该矩形图层的填充色为从前景色到透明渐变，颜色为 #1e2a3e，渐变样式改为径向、反向渐变，缩放为 170%。

4. 创建事件日期、事件时间、事件标题三段文本，置于宽度和高度为 270 像素的图片上。其中，三段文字的文本颜色为白色，事件日期的字号为 24 像素，事件时间和事件标题的字号为 16 像素。活动列表页内容区域完成效果如图 1-3-9 所示。

在完成设计图
的过程中，可
以根据用户需
求，在功能区
域使用不同的
占位图，以进
一步提升设计
观感。

图 1-3-9　活动列表页内容区域

5. 在活动列表下方创建六个宽度为 30 像素、高度为 30 像素的矩形，最左和最右两个矩形的填充色为 #4b5564，并在其内部添加向左和向右的白色箭头。

6. 在剩余四个矩形内部分别添加数字。第一个矩形为选中时的样式，填充色为 #1e2a3e，文本颜色为白色。其余矩形的填充色为白色，文本颜色为黑色。分页功能完成效果如图 1-3-10 所示。

图 1-3-10　分页功能

（四）创建页脚区域

1. 与本任务"活动一：新闻列表页设计"页脚制作方法相同。页脚区域完成效果如图 1-3-11 所示。

图 1-3-11　活动列表页脚区域

2. 测量活动列表页设计图的实际高度，调整画布大小，完成活动列表页设计图制作，如图 1-3-12 所示。

图 1-3-12　活动列表页完成效果图

活动三：博物馆详情页设计

（一）创建画布

创建宽度为 1920 像素、高度为 2000 像素、背景色为白色的画布（目前画布的高度仅为预估，在页面完成后可调整至实际大小）。

（二）创建页头

采用活动一中的相同步骤创建博物馆详情页页头，如图 1-3-13 和图 1-3-14 所示。

图 1-3-13　博物馆详情页底部区域

图 1-3-14　博物馆详情页头部区域

（三）创建内容区域

1. 在每个板块之间设置边距，边距大小为 60 像素。设置内容区域的标题，字体大小为 48 像素，文本颜色为白色。

2. 在矩形内添加正文内容，字体大小为 18 像素，文本颜色为白色。

3. 在正文内容下方 40 像素处添加两张图片（素材依次为"世博会博物馆 1.jpg""世博会博物馆 2.jpg"）。每张图片的宽度为 570 像素，高度为 385 像素，两张图片之间的间距为 30 像素。博物馆详情区域完成效果如图 1-3-15 所示。

提示

网站页面的内容区域可以根据用户需求，放置更多的图片。

图 1-3-15　博物馆详情区域

（四）创建页脚区域

1. 与本任务"活动一：新闻列表页设计"页脚制作方法相同。页脚区域完成效果如图 1-3-16 所示。

图 1-3-16　博物馆详情页页脚区域

2. 测量博物馆详情页设计图的实际高度，调整画布大小，完成博物馆详情页设计图制作，如图 1-3-17 所示。

图 1-3-17　博物馆详情页完成效果图

活动四：关于页设计

（一）创建画布

创建宽度为 1920 像素、高度为 2000 像素、背景色为白色的画布（目前画布的高度仅为预估，在页面完成后可调整至实际大小）。

（二）创建页头

采用活动一中的相同步骤创建关于页页头，如图 1-3-18 和图 1-3-19 所示。

图 1-3-18　关于页底部区域

图 1-3-19　关于页头部区域

（三）创建内容区域

1. 在每个板块之间设置边距，边距大小为 60 像素。设置内容区域的标题，字体大小为 48 像素，文本颜色为白色。

2. 在矩形内添加正文内容，字体大小为 18 像素，文本颜色为白色。

3. 在正文内容下方 40 像素处添加图片栏目，此栏目分为左右两部分，两部分之间的间距为 30 像素。

4. 在左半边创建一个宽度为 570 像素、高度为 290 像素、填充色为白色的矩形，在矩形中居中显示 logo（素材"logo.png"）。右半边是宽度为 570 像素、高度为 290 像素的图片（素材"世界技能博物馆.jpg"）。关于页内容区域完成效果如图 1-3-20 所示。

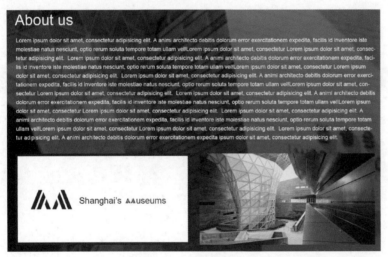

图 1-3-20　关于页内容区域

（四）创建页脚区域

1. 与本任务"活动一：新闻列表页设计"页脚制作方法相同。页脚区域完成效果如图 1-3-21 所示。

图 1-3-21　关于页页脚区域

2. 测量关于页设计图的实际高度，调整画布大小，完成关于页设计图制作，如图 1-3-22 所示。

想一想

在 Photoshop 中，有哪些测量元素尺寸的方法？

图 1-3-22　关于页完成效果图

根据世赛相关评分要求，本任务的评分标准如表 1-3-1 所示。

表 1-3-1　任务评价表

序号	评价项目	评分标准	分值	得分
1	页头和页底	所有功能页面的页头和页底完全一致，包括列表页、详情页等。每项错误或遗漏，扣除 5 分，扣完为止	20	
2	设计一致性	列表页与详情页使用相同的页面风格。每项错误或遗漏，扣除 5 分，扣完为止	20	
3	设计风格	设计风格与首页保持一致，且遵照风格指南。每项错误或遗漏，扣除 2.5 分，扣完为止	10	
4	图文平衡	合理使用留白，段落感明显。每项错误或遗漏，扣除 2.5 分，扣完为止	10	
5	设计符合英文网站规范	无中文行文习惯（首行缩进等），大小写一致等。每项错误或遗漏，扣除 2.5 分，扣完为止	10	
6	设计元素排版	内容宽度合理，栏目文字和图片的对齐方式规律、整齐。每项错误或遗漏，扣除 2.5 分，扣完为止	10	
7	网站交互的易用性	根据网页功能特点，设计合理的交互功能。每项错误或遗漏，扣除 5 分，扣完为止	20	

 拓展学习

通过本任务的学习，你已经掌握了基础的网站功能页面设计方法。你知道为什么网站需要交互效果吗？

一、交互设计

交互设计是指定义人造物的行为方式（the interaction，即人工制品在特定场景下的反应方式）相关的界面。作为一门关注交互体验的新学科，交互设计在 1984 年的一次设计会议上被提出，它一开始被命名为"软面"（Soft Face），后来更名为"交互设计"（Interaction Design）。

二、交互效果

扁平化的网站设计在保证各种大小的屏幕适应页面的前提下，使用户欣赏起来更加舒服、愉悦，但有时难免会出现一些显示错误的现象而引起用户的厌烦。这时，如果增强与用户之间的互动，就会让用户觉得即使出现错误，也会耐心地听从解释，而不是直接关闭网站。比如，在网站界面出现错误时，设置提醒，让用户得到错误反馈，知道在这种情况下需要做些什么，是继续等待反应还是跳转页面等，真正为用户提供优质的体验。

查一查

网站必备的交互效果有哪几种？

 思考与练习

一、思考题

1. 如何更高效地使用 Photoshop 完成内容重复度较高的页面设计？

2. 如果设计图由多人完成，要如何控制项目版本？

二、技能训练题

1. 请尝试制作活动详情页和新闻详情页。

2. 请尝试为博物馆导览网站设计一个常见问题解答页面。

任务 4　响应式网站设计

 学习目标

1. 能分析电脑端页面设计的总体结构，并标志出需要在移动端上优化显示的内容和元素。
2. 能优化在不同分辨率和设备下的网页内容结构和元素大小。
3. 能考虑用户的操作体验，完成响应式页面设计。
4. 能对多分辨率设计图进行版本控制。
5. 能与客户进行有效沟通，并优化设计。

 情景任务

提示

请分别用电脑和手机浏览世赛官网，找出不同栏目、功能区域在布局上的差异。

　　在之前的任务中，你实现了 SMA 对网站功能的设计需求。随着移动互联产业的高速发展，用户把平板电脑和智能手机作为终端访问网站的比例逐年提升。具有良好的移动端交互体验，已经成为当今网站的标配。现在，SMA 希望你为移动设备的访问作响应式处理，以更好地服务他们的用户。在本任务中，你需要为平板电脑和智能手机两个分屏点制作设计图，过程中需要考虑到当用户分辨率处于分屏点之间时可能出现的状态。隐藏非必要信息，并且设计恰当的交互效果，这样便于用户精准地访问。

 思路与方法

想一想

有哪些常见的移动设备可以用来浏览网站？

　　由于响应式页面作为一种服务于不同分辨率设备的技术，你需要尽量保持不同分辨率之间网站功能和信息展示的一致性，并根据不同设备的特点进行优化。开始设计前，你需要回顾先前制作的页面内容，根据设备的尺寸，针对移动端进行进一步的优化。

一、响应式网站设计有哪些特点？

　　现在使用移动设备的人越来越多，网站对移动设备的适配需求也

越来越重要。但是，移动设备的大小不一，屏幕分辨率各不相同，因此无法为不同品牌、不同型号的设备分别制作不同的页面设计。响应式网站设计是指可以自动识别屏幕宽度并作出相应调整的网页设计。比如，同一个网页自动适应不同大小的屏幕，并根据屏幕宽度，自动调整布局。

想一想

还有哪些方法可以让网页适配移动端？

二、响应式网站和一般移动端网站有什么区别？

响应式网站设计是一种更新的选择，需要基于栅格布局和 CSS3 的流动性网页设计才能实现，可以让网页随着屏幕变化而响应，以此来同时满足不同分辨率的需求。这既是一种更为统一、更加全面的设计方法，又是一种打破网页固有形态和限制的灵活设计方法。

三、如何在有限的移动设备屏幕上容纳网站的内容？

因为电脑端的大屏幕足以显示更多的内容，所以在电脑端网页设计中，会将大多数元素都展现出来，根据内容的优先级，通过使用不同的颜色及尺寸来给予用户层次感，让用户更容易找到自己需要的内容。

但是在移动设备端，由于移动设备界面尺寸的限制，不足以展示电脑端的所有内容，因此需要将一部分不重要的内容隐藏起来。通过增加额外的交互功能，使用户在点击某些元素时，部分被隐藏的元素可以显示出来。

四、有哪些针对移动端响应式网站的设计技巧？

进行移动端响应式页面设计时，因为不必要的来回切换和滚动会增加用户的使用难度，所以要尽量确保一项任务在一个屏幕范围内完成。同时，由于移动端屏幕尺寸较小，适当增大文本字号有助于提升网站的可读性。

查一查

请你收集一些优秀的响应式网站设计案例。

五、响应式设计中有哪些关键的分辨率？

根据设备功能，大致把网站分为电脑端、平板端、手机端。为电脑端对应 1024 像素以上的宽度，便于展开较多的功能和呈现更多的信息；为平板端对应 768 像素的宽度，在设计中适量折叠重要程度较低的内容；为手机端对应 480 像素的宽度，在设计中把内容精简到极致。

活动一：网站首页平板端设计

（一）创建画布

创建宽度为 768 像素、高度为 6000 像素、背景色为 #1e2a3e 的画布（目前画布的高度仅为预估，在页面完成后可调整至实际大小）。

（二）创建头部和 banner 区域

1. 使用矩形工具创建一个宽度为 768 像素、高度为 730 像素、填充色为白色的矩形。

2. 将素材中的图片（素材 "img1.jpg"）拖拽至标题栏区域，软件自动在新的画布中加载拖入的图片。按下快捷键 "Ctrl+A" 选中整个画布后，再按下快捷键 "Ctrl+C"（复制），然后在先前创建的画布中按下快捷键 "Ctrl+V"（粘贴）。

3. 使用自由变换功能（快捷键 "Ctrl+T"）调整图片大小，将图片的图层放至矩形的图层上方。右键单击图片的图层，创建剪贴蒙版。这时，置入的图片会覆盖在矩形上，超出矩形的部分会被隐藏。

4. 点击右下角的按钮添加色相/饱和度图层，将该图层属性面板中的饱和度及明度的值都设为 −20，置于图片上，并创建剪贴蒙版。

5. 创建宽度为 768 像素、高度为 100 像素的矩形。设置矩形图层的填充色为从前景色到透明渐变，颜色为 #1e2a3e（VI 主色），旋转渐变为 90 度，并创建剪贴蒙版。

6. 复制上一步创建的图层，将旋转渐变改为 −90 度。

7. 将 logo（素材 "logo-white.png"）置入头部内容区域左侧，选中 logo 图层，使用矩形选框工具选中头部区域的高度，再点击移动工具使其垂直居中。

8. 在头部区域创建三个宽度为 50 像素、高度为 7 像素、填充色为白色的矩形，排列后作为侧边栏按钮。头部区域完成效果如图 1-4-1 所示。

图 1-4-1　头部区域

9. 在 banner 区域添加一段文本，字体大小为 60 像素，文本颜色为白色，水平居中，左对齐。在其下方再添加一段文本，字体大小为 20 像素，文本颜色为白色，左对齐。banner 区域完成效果如图 1-4-2 所示。

图 1-4-2　banner 区域

（三）创建博物馆区域

1. 为每个板块设置内边距，内边距大小为 60 像素。设置博物馆区域的标题为"Museums"，字体大小为 48 像素，文本颜色为白色。

2. 在文字右侧创建切换按钮，先使用椭圆工具创建宽度为 50 像素、高度为 50 像素的圆形，将其填充色设置为透明，其中描边颜色为白色，描边宽度为 2 像素；再使用圆角矩形工具创建宽度为 4 像素、高度为 18 像素的矩形。

3. 修改矩形的角度，再复制该图层，调整角度，将它们组合成一个箭头。将这几个图层都放入一个组中，复制这个组，然后调整角度。

4. 将这两个按钮和博物馆的标题同时选中，使用选框工具选择高度为 50 像素的区域，使它们在这个区域内垂直居中显示。博物馆区域标题完成效果如图 1-4-3 所示。

图 1-4-3　博物馆区域标题

5. 创建宽度为 700 像素、高度为 700 像素的区域，将填充色设置

为 #9a673a（辅色），并且置于 Museums 下方 40 像素的位置。

想一想

受屏幕尺寸限制，在移动端设备页面中无法呈现的元素应当如何处理？

6. 将该矩形区域分为左右两部分：左半边为文字区域，宽度为 300 像素；右半边用于放置图片（素材 "img6.jpg"）。

7. 将左侧文字区域的上下左右边距设置为 20 像素，添加博物馆名称、博物馆开关字样、博物馆开关时间、博物馆介绍四段文本。

8. 设置博物馆名称，字体大小为 36 像素，文本颜色为白色。

9. 设置博物馆开关字样，字体大小为 16 像素，文本颜色为白色，不透明度为 50%。

10. 设置博物馆开关时间，字体大小为 16 像素，文本颜色为白色。

11. 设置博物馆介绍，字体大小为 16 像素，文本颜色为白色，行高为 26 像素。

12. 在右侧图片区域创建宽度为 400 像素、高度为 700 像素的矩形，再将图片置于矩形上，并创建剪贴蒙版，将图片覆盖在矩形上。

13. 创建宽度为 400 像素、高度为 700 像素的矩形，并置于右侧图片上。将填充色设置为透明渐变，颜色为 #1e2a3e（主色），渐变样式改为径向、反向渐变，缩放为 170%。博物馆内容区域完成如图 1-4-4 所示。

图 1-4-4 博物馆内容区域

14. 在文字内容区域的下方创建一个宽度为 300 像素、高度为 100 像素、填充色为白色的矩形。

15. 在相同位置创建一个宽度为 700 像素、高度为 100 像素、填充色为 #1e2a3e（主色）且不透明度为 90% 的矩形。

16. 使用多边形工具创建五边形，将填充色设置为透明，其中描边颜色为白色，大小为 5 像素，不透明度为 30%。使用快捷键 "Ctrl+T" 修改多边形形状。

17. 通过多次复制该图层，并缩放成不同大小后组成一个图案。将图案涉及的图层先进行栅格化，再将它们合并成一个图层并创建剪贴蒙版。使用同样的方法制作区域右下角的三角形。

18. 将栏目分为两部分：左侧 300 像素宽度为一个文本区，右侧 400 像素宽度为一个文本区，文本颜色均为白色。

19. 在左侧区域内添加文本内容，其中数字部分的字体大小为 36 像素且使用 Arial 字体，数字部分下方文字的字体大小为 24 像素，并设置文字位置相对于该区域居中对齐。

20. 在右侧区域内添加文本内容，字体大小为 24 像素，并设置文字位置相对于该区域居中对齐。

21. 创建宽度为 400 像素、高度为 600 像素的矩形，并置于右侧图片上。将填充色设置为透明渐变，颜色为 #1e2a3e（主色），渐变样式改为径向、反向渐变，缩放为 170%。

22. 创建预定按钮 "Book"，按钮的字体大小为 18 像素，宽度为 110 像素，高度为 42 像素，圆角为 21 像素，文本颜色为白色，填充色为 #1e2a3e（主色），并对按钮涉及的图层进行编组（快捷键 "Ctrl+G"）。

23. 复制预定按钮组，将矩形的填充色修改为 #c58c73（辅色），作为按钮 "More"。博物馆区域完成效果如图 1-4-5 所示。

提示

你可以复用先前制作完成的图形，有利于提高设计效率。

想一想

在移动端设备页面中，如果按钮放置过于密集，那么用户在操作过程中可能会发生哪些问题？

图 1-4-5　博物馆区域完成效果图

（四）创建活动区域

1. 为活动区域创建宽度为 768 像素、高度为 1440 像素、填充色为 #55787a（辅色）的矩形，将其作为背景图层。将活动区域距离上下的边距设置为 60 像素。

2. 在该区域内容部分最左侧添加标题 "Events"，文本颜色为白色，字体大小为 48 像素，将文字位置设置为左对齐。

说一说

如果使用 Icon 代替 More 按钮，有哪些合适的选择？

3. 在该区域内容部分最右侧添加按钮 "More"，使用圆角矩形工具创建宽度为 109 像素、高度为 42 像素、填充色为 #c58c73 的圆角矩形，文本颜色为白色，字体大小为 18 像素。将标题和按钮设置为在 42 像素的行高内垂直方向居中对齐。活动区域标题完成效果如图 1-4-6 所示。

图 1-4-6　活动区域标题

4. 将活动区域分为上下两部分：上半部分为当前热门活动推荐和两个近期活动；下半部分为近期活动列表。

想一想

适用于平板端和电脑端的网页区别在哪里？

5. 在上半部分的左侧创建一个宽度为 340 像素、高度为 610 像素、背景色为黑色的矩形，将其作为主要活动区域。该区域的内边距为 20 像素。

6. 在该区域内添加日期、时间、活动标题、内容文本、信息描述文字、信息内容等。将日期与时间置于同一行，且两者之间的间距为 15 像素。日期的字体大小为 36 像素，时间的字体大小为 18 像素，活动标题的字体大小为 18 像素且上下外边距为 20 像素，内容文本、信息描述文字、信息内容的字体大小为 16 像素。其中，内容文本和信息内容的行高为 30 像素，内容文本的文本颜色为白色且不透明度为 75%，信息描述文字的文本颜色为白色且不透明度为 50%，上下边距分别为 18 像素、7 像素。

7. 在该区域右下角添加参加按钮 "Join"，填充色为 #1e2a3e（VI 主色），文本颜色为白色。

8. 右侧区域分为两行，每行之间的间距为 30 像素。每行创建一个宽度为 340 像素、高度为 290 像素的矩形。在矩形上叠加图片（素材 "img2.jpg"），并创建剪贴蒙版，覆盖在矩形上。

9. 在图片上创建一个宽度为 340 像素、高度为 290 像素的矩形，覆盖在图片上，并创建剪贴蒙版。将该矩形的填充色设置为从前景色到透明渐变，颜色为 #1e2a3e（VI 主色），渐变样式改为径向、反向渐变。

10. 在矩形内距离左下角 20 像素的位置添加日期、时间和活动标题三段文字。其中，日期文字为 24 像素，时间和活动标题为 16 像素。这三段文字分两行显示，日期与时间一行，两者之间的间距为 25 像素，活动标题与上一行的间距为 10 像素。活动区域上半部分完成效果如图 1-4-7 所示。

图 1-4-7　活动区域上半部分

11. 下半部分分为两列，每列之间的间距为 20 像素。每列设置两行内容，其中内容与上半部分中右侧区域近期活动的制作方法相同。活动区域下半部分完成效果如图 1-4-8 所示。

图 1-4-8　活动区域下半部分

说一说

如果使用 Icon 代替 Join 按钮，有哪些合适的选择？

（五）创建新闻区域

1. 为新闻区域创建宽度为 768 像素、高度为 1005 像素的矩形。

2. 将背景图片（素材"img4.jpg"）置于矩形上，并创建剪贴蒙版，覆盖在矩形上。复制该矩形，置于图片上，并创建剪贴蒙版，填充色为 #9a673a（辅色）且不透明度为 90%。新闻页底部区域完成效果如图 1-4-9 所示。

图 1-4-9　新闻页底部区域

3. 添加新闻板块标题"NEWS"，文本颜色为白色，字体大小为 48 像素。在标题右侧添加按钮"More"，使用圆角矩形工具创建宽度为 109 像素、高度为 42 像素、填充色为 #c58c73 的圆角矩形，文本颜色为白色，字体大小为 18 像素。将标题和按钮设置为在 42 像素的行高内垂直方向居中对齐。新闻页标题完成效果如图 1-4-10 所示。

图 1-4-10　新闻页标题

4. 每条新闻的上下边距为 30 像素。将每条新闻划分为两部分：左边为新闻内容，宽度为 460 像素；右边为新闻图片，宽度为 220 像素。每条新闻左右两部分的间距为 20 像素。

5. 在左侧新闻内容部分先设置新闻标题，文本颜色为白色，字体大小为 24 像素。在新闻标题下方 20 像素处添加新闻内容, 字体大小为 16 像素, 行高为 26 像素, 文本颜色为白色且不透明度为 75%。

6. 在新闻的左下角添加日期, 在右下角添加按钮 "View", 文本颜色为白色。其中, 按钮的填充色为 #1e2a3e (主色)。将日期和按钮设置为在 42 像素的行高内垂直方向居中对齐。

7. 在右侧新闻图片部分创建一个宽度为 220 像素、高度为 220 像素的矩形, 然后将图片 (素材 "自然博物馆 2.jpg") 置于矩形上, 并创建剪贴蒙版, 将图片调整为合适的大小。

8. 再创建一个宽度为 220 像素、高度为 220 像素的矩形, 覆盖在图片上, 并创建剪贴蒙版。将该矩形的填充色设置为从前景色到透明渐变, 颜色为 #1e2a3e (VI 主色), 渐变样式改为径向、反向渐变, 渐变角度为 0。

9. 在每条新闻的下方设置一条宽度为 700 像素、高度为 1 像素的白色矩形, 并将一条新闻涉及的所有元素进行编组。复制该组两次, 完成三条新闻样式的填充。新闻页主要部分完成效果如图 1-4-11 所示。

说一说

如果使用 Icon 代替 View 按钮, 有哪些合适的选择?

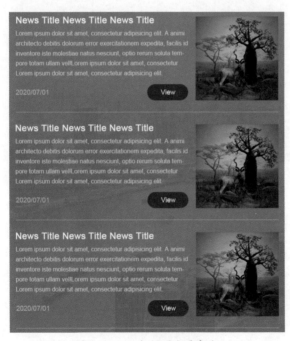

图 1-4-11　新闻页主要部分

(六) 创建页脚区域

1. 创建页脚区域, 宽度为 768 像素, 高度为 100 像素。在左侧添加版权信息, 文本颜色为白色, 字体大小为 16 像素。

2. 在右侧添加社交媒体图标 (素材依次为 "QQ.png" "微信.png" "微博.png"), 将图标的宽度和高度设置为 40 像素。使版权信息和社交媒体图标相对于页脚高度垂直方向居中对齐。新闻页页脚区域完成效果如图 1-4-12 所示。

图 1-4-12 新闻页页脚区域

3. 测量首页平板端设计图的实际高度，调整画布大小，完成首页平板端设计图制作。

活动二：网站首页手机端设计

（一）创建画布

创建宽度为 480 像素、高度为 6000 像素、背景色为白色的画布（目前画布的高度仅为预估，在页面完成后可调整至实际大小）。

（二）创建头部和 banner 区域

1. 使用矩形工具创建一个宽度为 480 像素、高度为 580 像素、填充色为白色的矩形。

2. 将素材中的图片（素材"img1.jpg"）拖拽至标题栏区域，软件自动在新的画布中加载拖入的图片。按下快捷键"Ctrl+A"选中整个画布后，再按下快捷键"Ctrl+C"（复制），然后在先前创建的画布中按下快捷键"Ctrl+V"（粘贴）。

3. 使用自由变换功能（快捷键"Ctrl+T"）调整图片大小，将图片的图层放至矩形的图层上方。右键单击图片的图层，创建剪贴蒙版。这时，置入的图片会覆盖在矩形上，超出矩形的部分会被隐藏。

4. 点击右下角的按钮添加色相 / 饱和度图层，将该图层属性面板中的饱和度及明度的值都设为 −20，置于图片上，并创建剪贴蒙版。

5. 创建宽度为 480 像素、高度为 100 像素的矩形。设置矩形图层的填充色为从前景色到透明渐变，颜色为 #1e2a3e（VI 主色），旋转渐变为 90 度，并创建剪贴蒙版。

6. 复制上一步创建的图层，将旋转渐变改为 −90 度。

7. 将 logo（素材"logo-white.png"）置入头部内容区域左侧，选中 logo 图层，使用矩形选框工具选中头部区域的高度，再点击移动工具使其垂直居中。

8. 在头部区域创建三个宽度为 50 像素、高度为 7 像素、填充色为白色的矩形，排列后作为侧边栏按钮。头部区域完成效果如图 1-4-13 所示。

想一想

手机端的页面宽度进一步缩小时，如何对页面内容进行精简？

图 1-4-13 头部区域

9. 在 banner 区域添加一段文本，字体大小为 36 像素，文本颜色为白色，水平居中，左对齐。在其下方添加一段文本，字体大小为 16 像素，文本颜色为白色，左对齐。banner 区域完成效果如图 1-4-14 所示。

图 1-4-14 banner 区域

（三）创建博物馆区域

1. 为每个板块设置内边距，内边距大小为 40 像素。设置博物馆区域的标题为 "Museums"，字体大小为 36 像素，文本颜色为白色。

2. 在文字右侧创建切换按钮，先使用椭圆工具创建宽度为 40 像素、高度为 40 像素的圆形，将其填充色设置为透明，其中描边颜色为白色，描边宽度为 2 像素；再使用圆角矩形工具创建宽度为 3 像素、高度为 13 像素的矩形。

3. 修改矩形的角度，再复制该图层，调整角度，将它们组合成一个箭头。将这几个图层都放入一个组中，复制这个组，然后调整角度。

4. 将这两个按钮和博物馆的标题同时选中，使用选框工具选择高度为 40 像素的区域，使它们在这个区域内垂直居中显示。博物馆区域标题完成效果如图 1-4-15 所示。

想一想

设计适用于移动端的交互按钮时，在设计过程中有哪些注意事项？

图 1-4-15　博物馆区域标题

5. 创建宽度为 470 像素、高度为 1026 像素的区域，将填充色设置为 #9a673a（辅色），并且置于 Museums 下方 30 像素的位置。

6. 将该矩形区域分为上下两部分：上半部分为文字区域，高度为 466 像素；下半部分用于放置图片（素材 "img6.jpg"）。

7. 将上半部分文字区域的上下左右边距设置为 20 像素，添加博物馆名称、博物馆开关字样、博物馆开关时间、博物馆介绍四段文本。

8. 设置博物馆名称，字体大小为 36 像素，文本颜色为白色。

9. 设置博物馆开关字样，字体大小为 16 像素，文本颜色为白色且不透明度为 50%。

10. 设置博物馆开关时间，字体大小为 16 像素，文本颜色为白色。

11. 设置博物馆介绍，字体大小为 16 像素，文本颜色为白色，行高为 26 像素。

12. 创建按钮 "Book"，按钮的字体大小为 18 像素，宽度为 109 像素，高度为 42 像素，圆角为 21 像素，文本颜色为白色，填充色为 #1e2a3e（主色），并对预定按钮涉及的图层进行编组（快捷键 "Ctrl+G"）。复制这个组，将矩形的填充色修改为 #c58c73（辅色），作为按钮 "More"。

13. 在文字内容区域的下方创建一个宽度为 470 像素、高度为 100 像素、填充色为白色的矩形。

14. 在相同位置创建一个宽度为 470 像素、高度为 100 像素、填充色为 #1e2a3e（主色）且不透明度为 80% 的矩形。

15. 在该矩形内使用多边形工具创建五边形，将填充色设置为透明，其中描边颜色为白色，大小为 5 像素，不透明度为 30%。使用快捷键 "Ctrl+T" 修改多边形形状。

16. 通过多次复制该图层，并缩放成不同大小后组成一个图案。对图案涉及的图层先进行栅格化，再将它们合并成一个图层并创建剪贴蒙版。

17. 在其中添加文本内容，其中数字部分的字体大小为 36 像素且使用 Arial 字体，数字部分下方文字的字体大小为 24 像素，并设置文字位置相对于该区域居中对齐。博物馆内容区域上半部分完成效果如图1-4-16 所示。

说一说

如果使用 Icon 代替 Book 按钮，有哪些合适的选择?

图 1-4-16　博物馆内容区域上半部分

18. 下半部分为图片区域，创建宽度为 470 像素、高度为 460 像素、填充色为白色的矩形，再将图片置于矩形上，并创建剪贴蒙版，将图片覆盖在矩形上。

19. 创建宽度为 470 像素、高度为 460 像素的矩形，并置于右侧图片上。将填充色设置为透明渐变，颜色为 #1e2a3e（主色），渐变样式改为径向、反向渐变，缩放为 170%，角度为 0。

20. 在图片下方创建一个宽度为 470 像素、高度为 100 像素、填充色为 #9a673a（辅色）的矩形。

21. 在相同位置创建一个宽度为 470 像素、高度为 100 像素、填充色为 #1e2a3e（主色）且不透明度为 80% 的矩形。

22. 在其中添加文本，字体大小为 24 像素，并设置文字位置相对于该区域居中对齐。博物馆内容区域下半部分完成效果如图 1-4-17 所示。

提示

在英文网站中，应注意如何正确地描述地址等元素。

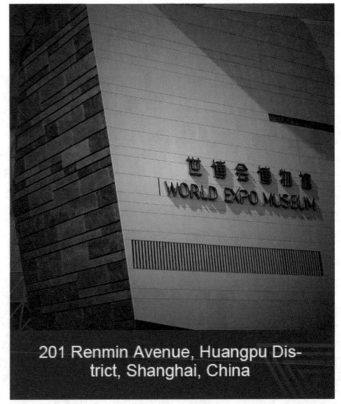

图 1-4-17　博物馆内容区域下半部分

（四）创建活动区域

1. 为活动区域创建宽度为 480 像素、高度为 2470 像素、填充色为 #55787a（辅色）的矩形，将其作为背景图层。将活动区域距离上下的边距设置为 40 像素。

2. 在该区域最左侧添加标题"Events"，文本颜色为白色，字体大小为 36 像素，将文字位置设置为左对齐。

3. 在该区域最右侧添加按钮"More"，使用圆角矩形工具创建宽度为 109、高度为 42 像素、填充色为 #c58c73 的圆角矩形，文本颜色为白色，字体大小为 18 像素。将标题和按钮设置为在 42 像素的行高内垂直方向居中对齐。活动区域标题完成效果如图 1-4-18 所示。

图 1-4-18　活动区域标题

4. 将活动区域分为上下两部分：上半部分为当前热门活动推荐；下半部分为近期活动列表。

5. 在上半部分中创建一个宽度为 470 像素、高度为 460 像素、背景色为黑色的矩形，将其作为主要活动区域。该区域的内边距为 20 像素。

6. 在该区域内添加日期、时间、活动标题、内容文本、信息描述文字、信息内容等。将日期与时间置于同一行，且两者之间的间距为 15 像素。

7. 日期的字体大小为 36 像素，时间的字体大小为 18 像素，活动标题的字体大小为 18 像素且上下外边距为 20 像素，内容文本、信息描述文字、信息内容的字体大小为 16 像素。其中，内容文本和信息内容的行高为 30 像素，内容文本的文本颜色为白色且不透明度为 75%，信息描述文字的文本颜色为白色且不透明度为 50%，上下边距分别为 18 像素、10 像素。

8. 在该区域右下角添加参加按钮 "Join"，填充色为 #1e2a3e（VI 主色），文本颜色为白色。活动区域上半部分完成效果如图 1-4-19 所示。

图 1-4-19 活动区域上半部分

9. 下半部分分为六行，每行创建一个宽度为 470 像素、高度为 290 像素、背景色为白色的矩形。在矩形上叠加图片（素材 "img2.jpg"），并创建剪贴蒙版，覆盖在矩形上。再在图片上创建一个宽度为 470 像素、高度为 290 像素的矩形，覆盖在图片上，并创建剪贴蒙版。将该矩形的填充色设置为从前景色到透明渐变，颜色为 #1e2a3e（VI

想—想

如何更为高效地使用 Photoshop 实现重复元素的创建？

主色），渐变样式改为径向、反向渐变，缩放为 170%，角度为 0。

10. 在矩形内距离左下角 20 像素的位置添加日期、时间和活动标题三段文字。其中，日期的字体大小为 24 像素，时间与活动标题的字体大小为 16 像素。这三段文字分两行显示，日期与时间一行，两者之间的间距为 25 像素，活动标题与上一行的间距为 10 像素。活动区域下半部分完成效果如图 1-4-20 所示。

图 1-4-20　活动区域下半部分

（五）创建新闻区域

1. 为新闻区域创建宽度为 480 像素、高度为 1590 像素的矩形。

2. 使用自由变换工具将背景图片（素材"img4.jpg"）的高度修改为 826 像素，然后置于矩形上，再复制背景图片并置于背景图片下方排列。再创建一个宽度为 480 像素、高度为 1590 像素的矩形，置于图片上，并创建剪贴蒙版，填充色为 #9a673a（辅色）且不透明度为 90%。新闻区域背景图完成效果如图 1-4-21 所示。

3. 添加新闻板块标题"NEWS"，文本颜色为白色，字体大小为 36 像素。在标题右侧添加按钮"More"，使用圆角矩形工具创建宽度为 109 像素、高度为 42 像素、填充色为 #c58c73 的圆角矩形，文本颜色为白色，字体大小为 18 像素。接着，将标题和按钮设置为在 42 像素的行高内垂直方向居中对齐。新闻区域标题完成效果如图 1-4-22 所示。

图 1-4-21　新闻区域背景图

图 1-4-22　新闻区域标题

4. 每条新闻的上下边距为 20 像素。将每条新闻划分为两部分：上半部分为新闻图片，宽度为 470 像素，高度为 220 像素；下半部分为新闻内容，宽度为 470 像素，高度需要根据内容进行调整，上下两部分的间距为 10 像素。

5. 在上半部分先创建一个宽度为 470 像素、高度为 220 像素的矩形，然后将图片（素材"自然博物馆 2.jpg"）置于矩形上，并创建剪贴蒙版，最后将图片调整为合适的大小。

6. 在图片上再创建一个宽度为 470 像素、高度为 220 像素的矩形，覆盖在图片上，并创建剪贴蒙版。将该矩形的填充色设置为从前景色到透明渐变，颜色为 #1e2a3e（VI 主色），渐变样式改为径向、反向渐变，渐变角度为 0，缩放为 170%。

7. 在下半部分创建新闻标题，文本颜色为白色，字体大小为 24 像素。在新闻标题下方 20 像素处添加新闻内容，字体大小为 16 像素，行高为 26 像素，文本颜色为白色且不透明度为 75%。在新闻的左下角添加日期，字体大小为 18 像素，文本颜色为白色且不透明度为 50%。在右下角添加按钮"View"，字体大小为 18 像素，文本颜色为白色，填充色为 #1e2a3e（主色）。将日期和按钮设置为在 42 像素的行高内垂直方向居中对齐。

8. 在每条新闻的下方设置一条宽度为 470 像素、高度为 1 像素的白色矩形，并将一条新闻涉及的所有元素进行编组。复制该组两次，完成三条新闻样式的填充。新闻区域完成效果如图 1-4-23 所示。

提示

当新闻下方的预览文字过多时，可以使用"……"结尾，代表省略。

图 1-4-23　新闻区域完成效果图

（六）创建页脚区域

1. 创建页脚区域，宽度为 480 像素，高度为 100 像素。在左侧添加版权信息，文本颜色为白色，字体大小为 16 像素。在右侧添加社交媒体图标（素材依次为"QQ.png""微信.png""微博.png"），将图标的宽度和高度设置为 40 像素。使版权信息和社交媒体图标相对于页脚高度垂直方向居中对齐。页脚区域完成效果如图 1-4-24 所示。

图 1-4-24　页脚区域

2. 测量首页手机端设计图的实际高度，调整画布大小，完成首页手机端设计图制作。

 总结评价

根据世赛相关评分要求，本任务的评分标准如表 1-4-1 所示。

表 1-4-1　任务评价表

序号	评价项目	评分标准	分值	得分
1	页头信息完整	包括企业 logo、导航菜单和 banner 等。每项错误或遗漏，扣除 5 分，扣完为止	20	
2	页底信息完整	包括必要的社交媒体和版权声明等。每项错误或遗漏，扣除 2.5 分，扣完为止	10	
3	首页信息内容完整	包括特别推荐栏、活动栏、新闻栏等。每项错误或遗漏，扣除 5 分，扣完为止	20	
4	图文平衡	合理使用留白，段落感明显。每项错误或遗漏，扣除 2.5 分，扣完为止	10	
5	设计符合英文网站规范	无中文行文习惯（首行缩进等），大小写一致等。每项错误或遗漏，扣除 2.5 分，扣完为止	10	
6	设计元素排版	内容宽度合理，栏目文字和图片的对齐方式规律、整齐。每项错误或遗漏，扣除 2.5 分，扣完为止	10	
7	移动端优化设计	根据移动设备的特点，对页面布局和交互操作进行合理优化。每项错误或遗漏，扣除 5 分，扣完为止	20	

拓展学习

响应式设计

通过本任务的学习，你已经掌握了网站平板端及移动端的设计方法。你知道响应式设计有哪些特点吗？

响应式设计是一种网站页面设计布局，其理念是可以智能地根据用户行为和使用的设备环境进行相对应的布局。无论用户正在使用电脑还是平板或手机浏览网站，页面都可以适应不同的设备。你只需要设计几个响应式断点（Break Points），即可让网站能自动适应断点之间的任何一种分辨率。响应式设计示意如图 1-4-25 所示。

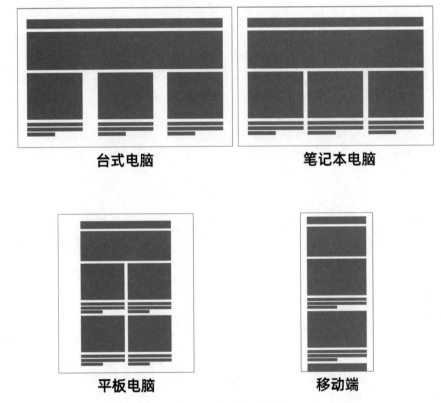

台式电脑　　　　　笔记本电脑

平板电脑　　　　　移动端

图 1-4-25　响应式设计

思考与练习

一、思考题

1. 如何编排网站内的元素，使网站在不同分辨率下正常显示？

2. 如何在移动端中预览设计图?

二、技能训练题

1. 请完成剩余页面的平板端设计。
2. 请完成剩余页面的手机端设计。

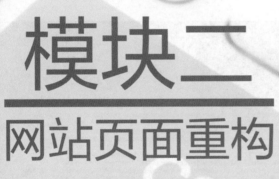

模块二

网站页面重构

当网站设计图被确认定稿后，你便可以开展页面重构工作。页面重构需要使用超文本标记语言（Hyper Text Markup Language，简称 HTML）和层叠样式表（Cascading Style Sheets，简称 CSS）完成页面基本布局结构，并通过链接的方式置入图片和各种媒体资源。页面重构后是可以浏览和发布的，为后续的功能开发奠定坚实的基础。

在本模块中，你将通过以下任务开展学习：在任务 1 中，通过制作登录及注册表单，熟悉网站页面基础重构方法，掌握其中的标准规范要求；在任务 2 中，针对模块一设计好的页面（网站首页、新闻列表页和博物馆详情页等）开展重构方法的学习和实践；在任务 3 中，基于重构完成的静态页面，制作页面交互动画效果；在任务 4 中，基于制作完成的页面，实现响应式网站功能。

图 2-0-1　网站页面重构

任务 1　基础网站制作

1. 能掌握网页编写语言语法。
2. 能熟练使用网页编写语言。
3. 能熟练使用浏览器软件调试网页。
4. 能熟练地处理调试中发现的问题。
5. 能独立制作与维护简单的网页。

情景任务

经过上一个模块的学习，你已经了解了网站设计的方法和流程。本模块将要带领你制作网页，学习如何实现设计图中的各类效果，包括利用 HTML5、CSS3 等技术完成网页重构和交互效果功能等。在本任务中，你需要完成登录和注册页面的重构。

提示

请查看网页重构的官方标准。

思路与方法

在开始制作页面之前，首先需要思考一下：应当使用什么技术和方法实现页面制作工作？

网页的本质就是超文本标记语言，通过结合使用其他 Web 技术（如脚本语言、公共网关接口、组件），可以创造出功能更为强大的网页。超文本标记语言是万维网编程的基础，即万维网是建立在超文本标记语言基础上的。

当你打开一个网页时，能看到每个元素都在不同的位置，并且拥有各自不同的样式，这些都依赖于层叠样式表。

想一想

网站与应用软件有什么区别？

一、网页的制作流程有哪些？

制作一个网页，首先要确定网页的需求，即你要用这个网页来干什么，需要哪些元素；其次要确认网页的基础样式，比如，主色调、辅色

67

调等；最后要根据需求设计网页效果图，再通过编写 HTML 及 CSS 代码来完成页面的制作。

查一查

HTML 至今经历了多少个版本？

二、应当使用什么技术制作网站结构？

HTML 通过超级链接的方法将文本中的文字、图表与其他信息媒体相关联，是一种信息组织的方式。

用 HTML 编写的超文本文档称为 HTML 文档。超文本文档不仅可以加入文本，还可以加入链接、图片、声音、动画、视频等内容。

三、HTML 的基本构成有哪些？

HTML 的基本构成包括 <!DOCTYPE> 声明、<html> 页面根标签、<head> 标签、<body> 标签、<title> 页面标题、<meta> 网页元数据声明、CSS 和 JS 内容引用或内嵌以及其他可见的页面内容标签。

想一想

CSS 的"层叠"有什么含义？

四、应当使用什么技术制作网页的样式？

CSS 主要用于设置网站外观，让网站更加绚丽，更具吸引力。CSS 文件定义文本和其他 HTML 标签的颜色、大小和位置，而 HTML 文件定义内容及其结构关系。分离的结构关系和样式可以让开发人员便捷地修改代码，而不必重写整个网站。

五、CSS 盒子模型有哪些作用？

CSS 盒子模型（Box Model）中的所有 HTML 元素都可以被看作盒子。在 CSS 中，"Box Model"这一术语是在设计和布局时使用的。CSS 盒子模型本质上就像是一个盒子，包括边距、边框、填充和实际内容。

通常情况下，在登录页面中需要用户提供用户名和密码等身份验证信息，在部分网站中还需要用户输入验证码来预防批量注册、暴力破解等恶意行为。注册页面通常需要用户提供邮箱、手机号、昵称、密码等信息。

根据需求，本任务需要完成以下页面内容：

1. 登录页面，包括登录标题、用户名提示标签、用户名输入框、密码提示标签、密码输入框、登录按钮。

2. 注册页面，包括注册标题、用户名提示标签、用户名输入框、密码提示标签、密码输入框、确认密码提示标签、确认密码输入框、注册按钮。

活动一: 网站登录页面制作

1. 如图 2-1-1 所示, 在 PhpStorm 中创建 login.html 页面和 common.css 样式文件。

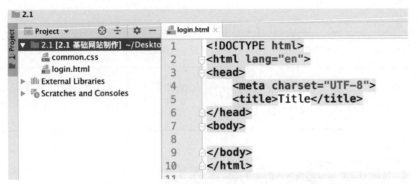

图 2-1-1　创建登录页的 HTML 文件及样式文件

注意事项

　页面文件应当创建在同一个父级目录下。

2. 如图 2-1-2 所示, 在 login. html 页面上链接 CSS 样式。

```
<link rel="stylesheet" type="text/css" href="common.css">
```

```
<!DOCTYPE html>
<html lang="en">
<head>
    <meta charset="UTF-8">
    <title>Title</title>

    <link rel="stylesheet" type="text/css" href="common.css">

</head>
<body>

</body>
</html>
```

图 2-1-2　通过外链方式引入样式文件

3. 在 CSS 文件中定义页面使用字体为 Arial。

```
* {
    font-family: Arial;
}
```

4. 在 CSS 文件中写入 body 样式, 让内部元素居中。

提示

将 PhpStorm 左侧文件树中的 CSS 文件拖入右侧打开的 html 文件中, 代码编辑器能自动引入 CSS 文件。

想一想

HTML 中还有哪些方法可以引入 CSS 样式?

```
body {
    height: 100vh;
    display: flex;
    align-items: center;
    justify-content: center;
}
```

5. 在 <html> 中的 <body> 元素中写入 <div> 并给其添加 class 名 "login"。

```
<div class="login"></div>
```

想一想

CSS 中内边距样式可以设置几个参数？

6. 在 CSS 文件中写入代码，使 login 元素增加内边距及阴影。其效果如图 2-1-3 所示。

```
.login {
    padding: 40px 45px;
    box-shadow: 0 20px 50px 0 rgba(0,0,0,0.1);
}
```

图 2-1-3　内边距及阴影效果图

提示

受篇幅限制，本书的 HTML 代码没有缩进展示，在实际编写中应当进行缩进处理。

7. 在 "<div class="login"></div>" 中增加所需元素：<h1> 页面主标题、<label> 用户名输入框标题、<input> 用户名输入框、<label> 密码输入框标题、<input> 密码输入框及 <button> 登录按钮。登录框元素效果如图 1-2-4 所示。

```
<h1>Login</h1><!-- 页面主标题 -->
<label for="username">Username</label><!-- 用户名输入框标题 -->
<input type="text" id="username" placeholder="Please enter your username">
<!-- 用户名输入框 -->
<label for="password">Password</label><!-- 密码输入框标题 -->
<input type="text" id="password" placeholder="Please enter your
password"><!-- 密码输入框 -->
<button>Login</button><!-- 登录按钮 -->
```

Login

Username

Please enter your userna

Password

Please enter your passw

Login

图 2-1-4　为登录框添加元素

8. 在 CSS 文件中写入代码，使 \<h1\> 标题文本居中，文本颜色为 #333333，字体粗度为 500。标题文字效果如图 2-1-5 所示。

想一想

字体粗细样式的值除了设置数字外，还能设置什么？

```
h1 {
    text-align: center;
    color: #333333;
    font-weight: 500;
}
```

图 2-1-5　标题文字效果图

9. 在 CSS 文件中写入代码，将所有 \<label\> 文本的字体大小设置为 18 像素，同时将元素修改为块级元素。用户名文字效果如图 2-1-6 所示。

想一想

字体大小单位除了 px 外，还有什么？

```
label {
    font-size: 18px;
    display: block;
}
```

图 2-1-6　用户名文字效果图

10. 在 CSS 文件中写入代码，给所有 input 输入框增加样式。输入框样式如图 2-1-7 所示。

```
input {
    margin: 10px 0 20px;        /* 增加上为 10 像素、下为 20 像素的外边距 */
    border-radius: 2px;         /* 增加 2 像素的圆角 */
    width: 314px;               /* 宽度设置为 314 像素 */
    height: 22px;               /* 高度设置为 22 像素 */
    padding: 20px;              /* 增加 20 像素的内边距 */
    border: none;               /* 取消边框样式 */
    font-size: 17px;            /* 字体大小设置为 17 像素 */
    color: #333333;             /* 文本颜色设置为 #333333*/
    line-height: 20px;          /* 根据 20 像素的位置高度居中 */
```

71

想一想

颜色设置除了使用十六进制 RGB 编码外, 还有哪些方式?

```
        background: #f9f9f9;        /* 背景设置为 #f9f9f9 */
        outline: none;              /* 取消突出选中元素轮廓 */
}
```

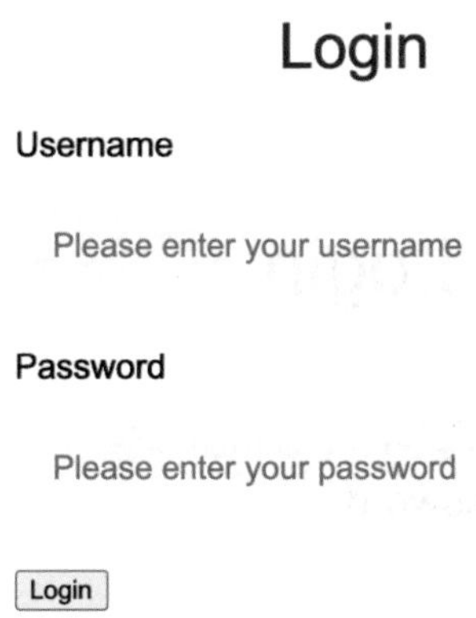

Login

Username

Please enter your username

Password

Please enter your password

Login

图 2-1-7　输入框样式

想一想

如何为该条 input 样式添加更多的浏览器兼容?

11. 在 CSS 文件中写入代码, 使 input 提示文字颜色为 rgba(0, 0, 0, 0.4)。提示文字样式如图 2-1-8 所示。

```
input::-webkit-input-placeholder {
        color: rgba(0, 0, 0, 0.4);
}
```

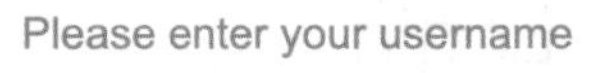

Please enter your username

图 2-1-8　提示文字样式

12. 在 CSS 文件中写入代码, 给所有 button 按钮增加样式。登录按钮样式如图 2-1-9 所示。

```
button {
        width: 354px;               /* 宽度设置为 354 像素 */
        height: 62px;               /* 高度设置为 62 像素 */
        line-height: 22px;          /* 内部文字在 22 像素的行高内居中 */
        padding: 20px;              /* 增加 20 像素的内边距 */
        border: none;               /* 取消边框样式 */
        color: white;               /* 字体颜色设置为白色 */
        font-size: 24px;            /* 字体大小设置为 24 像素 */
        background: #ff7e29;         /* 背景设置为 #FF7E29 */
        cursor: pointer;            /* 鼠标移动上去的样式为指示链接的指针
                                       (一只手)*/
        border-radius: 2px;         /* 增加 2 像素的圆角 */
        margin-top: 20px;           /* 上方外边距设置为 20 像素 */
        display: block;             /* 将元素修改为块级元素 /
        }
```

图 2-1-9　登录按钮样式

13. 在 CSS 文件中写入代码，使鼠标移动到 button 按钮上时，按钮的不透明度变成 0.9。登录按钮 hover 完成效果如图 2-1-10 所示。

```
button:hover {
    opacity: 0.9;
}
```

想一想

使用伪类还能实现哪些效果？

注意事项

　　设置伪类时，伪类名前使用 ":"；设置伪元素时，伪元素名前使用 "::"。

图 2-1-10　登录按钮 hover 效果图

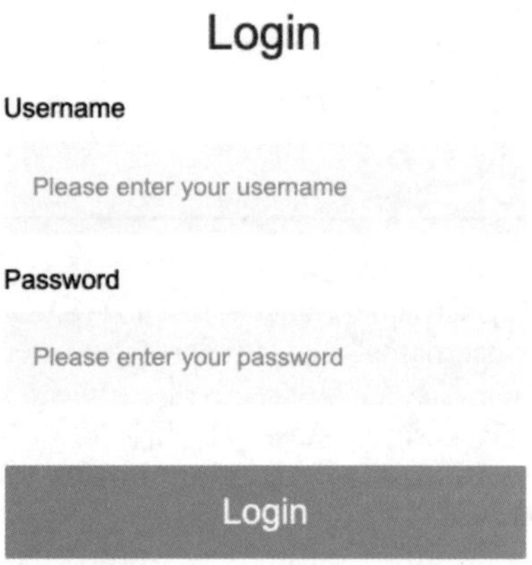

图 2-1-11　登录页面完成效果图

73

活动二：网站注册页面制作

1. 如图 2-1-12 所示，在 PhpStorm 中创建 register.html 页面。

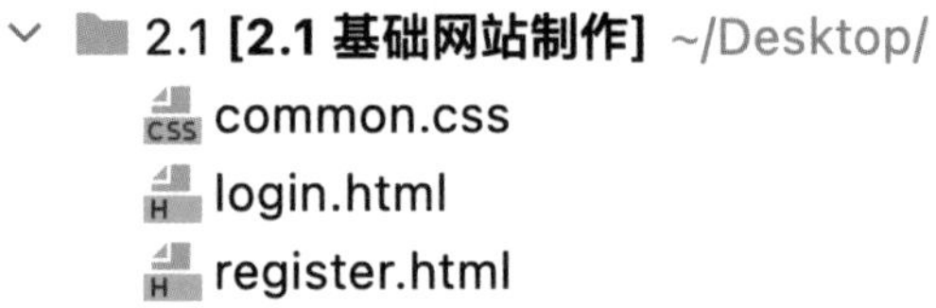

∨ ■■ 2.1 **[2.1 基础网站制作]** ~/Desktop/
    common.css
    login.html
    register.html

图 2-1-12 register 页面文件

想一想

复用 login.html 页面样式有什么好处？

2. 如图 2-1-13 所示，在 register.html 页面上链接 CSS 样式，直接复用 login.html 页面样式。

```
<link rel="stylesheet" type="text/css" href="common.css">
```

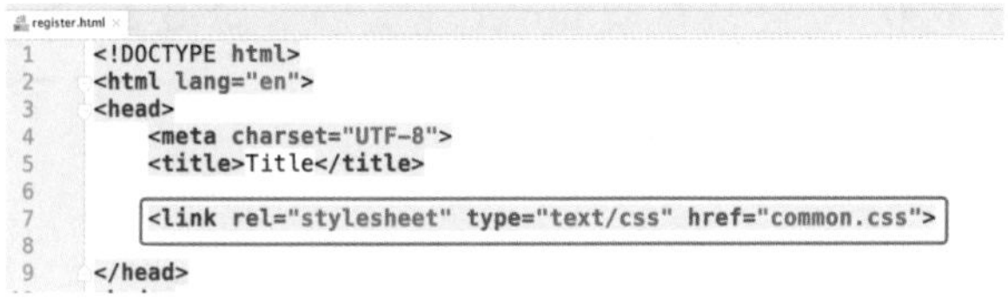

```
register.html
1  <!DOCTYPE html>
2  <html lang="en">
3  <head>
4      <meta charset="UTF-8">
5      <title>Title</title>
6
7      <link rel="stylesheet" type="text/css" href="common.css">
8
9  </head>
```

图 2-1-13 样式文件复用

3. 在 <html> 中的 <body> 元素中写入 <div> 并给其添加 class 名 "register"。

```
<div class="register"></div>
```

4. 在 CSS 文件中写入代码，使 register 元素增加内边距及阴影。

```
.register{
    padding: 40px 45px;
    box-shadow: 0 20px 50px 0 rgba(0,0,0,0.1);
}
```

5. 在 class 属性值为 register 的 div 元素中增加如下代码。注册页面完成效果如图 2-1-14 所示。

```
<h1>Register</h1><!-- 页面主标题 -->
<label for="username">Username</label><!-- 用户名输入框标题 -->
<input type="text" id="username" placeholder="Please enter your username">
<!-- 用户名输入框 -->
<label for="password">Password</label><!-- 密码输入框标题 -->
<input type="text" id="password" placeholder="Please enter your
password"><!-- 密码输入框 -->
<label for="confirm_password">Confirm Password</label><!-- 确认密码输入
框标题 -->
<input type="text" id="confirm_password" placeholder="Please confirm your
password"><!-- 确认密码输入框 -->
```

```
<button>Register</button><!-- 注册按钮 -->
```

注意事项

　　<h1> 标签用于显示页面标题，<label> 标签用于显示各个输入框的标题，<input> 标签用于制作用户名输入框、密码输入框、确认密码输入框，<button> 标签用于制作注册按钮。

想一想

HTML 中还有哪些常用标签?

Register

Username

Please enter your username

Password

Please enter your password

Confirm Password

Please confirm your password

Register

图 2-1-14　注册页面完成效果图

 总结评价

　　根据世赛相关评分要求，本任务的评分标准如表 2-1-1 所示。

表 2-1-1　任务评价表

序号	评价项目	评分标准	分值	得分
1	登录页面元素实现	label、input 和 button 等元素齐全。每项错误或遗漏，扣除 5 分，扣完为止	20	
2	注册页面元素实现	label、input 和 button 等元素齐全。每项错误或遗漏，扣除 5 分，扣完为止	20	

（续表）

序号	评价项目	评分标准	分值	得分
3	文件样式设计	label、input、button 等元素样式齐全。每项错误或遗漏，扣除 10 分，扣完为止	30	
4	代码风格优美	代码不具备段落感（0 分）； 代码具有一些段落感，但是没有注释（7 分）； 代码段落感良好，注释稀少不完整（14 分）； 代码具有明显的段落感，风格优美，注释完善（20 分）	20	
5	符合英文网站规范	不符合英文网站规范（0 分）； 试图对英文网站进行优化，但不明显（3 分）； 基于英文网站逻辑制作，但存在一些问题（6 分）； 符合英文网站规范（10 分）	10	

 拓展学习

CSS 伪类和伪元素

通过本任务的学习，你已经掌握了基础的网站制作方法。你在本任务编写了许多的 CSS 代码，也用到 hover 伪类样式，那么你知道 CSS 中的伪类和伪元素吗？

CSS 引入伪类和伪元素概念是为了格式化文档树以外的信息。伪类和伪元素是用来修饰不在文档树中的部分，比如，一句话中的第一个字母或者列表中的第一个元素。

伪类用于当已有元素处于某个特定状态时，为其添加对应的样式，这个状态是根据用户行为而动态变化的，例如，当用户悬停在指定的元素时，可以用"：hover"来描述这个元素的特定状态。虽然它和普通的 CSS 类相似，可以为已有的元素添加样式，但是它只有处于文档树无法描述的状态下才能为元素添加样式，因此被称为伪类。

查一查

查阅所有 CSS 伪类和伪元素。

伪元素用于创建一些不在文档树中的元素，并为其添加样式，例如，通过"：before"在一个元素前增加一些文本。

CSS 中常用的伪类有：

：focus：选择获得焦点的表单控件元素。

：hover：选择鼠标悬停其上的元素。

：active：选择活动的元素。

：checked：选择每个被选中的元素。

：disabled：选择每个被禁用的元素。

:empty：选择没有子元素的元素。

CSS 中有以下四种伪元素选择器：

::first-line：为某个元素的第一行文字使用样式。

::first-letter：为某个元素中的文字首字母或第一个文字使用样式。

::before：在某个元素之前插入一些内容。

::after：在某个元素之后插入一些内容。

想一想

CSS 伪类和伪元素的编写方法有哪些区别？

 思考与练习

一、思考题

1. 编写 CSS 代码时，通常会重复使用许多相同的样式，那么有没有可以减少代码量的方法？

2. 请总结常见的 HTML 元素及 CSS 样式名称。

二、技能训练题

1. 请尝试优化和减少登录及注册页面的 CSS 代码。

2. 请尝试实现密码找回页面。

任务 2　页面结构和内容制作

 学习目标

1. 能编写符合 W3C 标准的 HTML5 文档。
2. 能编写符合 W3C 标准的 CSS3 样式表。
3. 能使用 HTML5 完成网页的布局。
4. 能参照网站设计图制作网页。
5. 能独立制作与维护网站的所有页面。

 情景任务

提示

浏览网站设计稿,思考每个页面各板块之间的线框结构和 HTML 结构。

　　在上一个任务中,你已经掌握了网站制作的基本方法,制作了网站的登录和注册页面。本任务需要你为 SMA 制作网站,基于先前制作的设计图,通过使用 HTML 和 CSS 技术实现页面,并严格根据设计图中的布局和要求进行页面重构。在世赛标准中,需要确保实现的页面元素样式与设计图的误差不超过三个像素。

 思路与方法

　　当你打开一个网站时,能在网站上工整的各个栏目里找到需要的信息。这些栏目就像是网站的“骨架”支撑起整个网站的内容,这副“骨架”及其精美的样式正是基于 HTML 和 CSS 技术才实现的。对于同一种网站样式效果,可以使用多种不同的布局方式实现,如流式布局、固定布局、弹性布局、栅格布局。在本任务中,主要使用弹性布局的方式进行网站首页、新闻列表页和博物馆详情页的重构工作。选择简便的布局方式能让页面开发变得更高效。

一、制作页面时需要遵循哪些要求?

　　制作页面时,应当严格遵循 W3C 标准中 HTML5 的要求,比如,尽可能使用更多的语义化标签表示元素的作用,使用合适的 CSS 选择器为元素添加样式。

二、语义化标签有哪些特点?

想一想

HTML5 中还新增了哪些语义化标签?

语义是指对一个词或者句子含义的解释。很多 <html> 标签也具有语义的意义,即元素标签的内容代表了元素的含义与适用范围。例如,<header></header> 标签是指页面头部的导航栏。使用语义化标签可以呈现出很好的内容结构,使代码更容易阅读。

• 优化代码结构:使页面在没有 CSS 的情况下,也能呈现很好的内容结构。

• 有利于 SEO:爬虫依赖标签来确定关键字的权重,可以和搜索引擎建立良好的沟通,帮助爬虫抓取更多的有效信息。

• 提升用户体验:如 title、alt 可以用于解释名称或者图片信息,以及 <label> 标签的灵活运用。

• 便于团队开发和维护:语义化使得代码更具可读性,让其他开发人员更容易理解本网站的 html 结构,减少差异化。

• 方便其他设备解析:包括屏幕阅读器、盲人阅读器、移动设备等,以更有意义的方式来渲染网页。

三、如何使用 CSS 给指定元素设置样式?

使用 CSS 选择器可以选中元素添加样式,比如,要对某个具有类标志的 HTML 元素添加样式,就可以使用类选择器进行相应操作。常见的选择器有很多种,具体如下。

想一想

不同的 CSS 选择器之间是否有优先级?

• 元素选择器:选中某一种元素。

• 类选择器:选中 HTML 代码中定义了类的指定元素。

• ID 选择器:选中定义了 ID 的指定元素。

• 属性选择器:选中拥有某个属性的元素。

• 后代选择器:只选中某种元素下的指定元素。

• 子元素选择器:只能选择作为某元素子元素的元素。

• 相邻兄弟选择器:能选择紧接着另一元素后的元素,且两个元素具有相同的父级。

四、Flex 布局有哪些特点?

Flex 布局的全称是 Flexible Box,意思是弹性布局。传统的布局方案是基于盒子模型,难以实现一些特殊布局。Flex 布局是通过主轴排列方向再施加不同的属性,以此完成布局的。与传统布局相比,Flex 布局更加简便。

五、栅格系统的作用有哪些？

栅格系统是一种以规则的网格阵列对网页布局进行排列的方法，通过定义容器、行、列来对页面进行布局。

活动一：网站首页重构

（一）制作导航栏与 banner

1. 首先创建 home.html 文件，在 <body> 标签内使用 <header> 标签创建头部区域，将其 class 属性设置为 "home-header-banner"。

2. 在 <header> 标签内使用 <div> 标签创建导航栏区域，将其 class 属性设置为 "header-box" 和 "container"。使用 <img> 标签添加 logo，将 alt 属性设置为 "SHANGHAI'S MUSEUMS LOGO"。使用 <div> 标签制作导航栏内容部分，将其 class 属性设置为 "navigator"，在内部使用 <a> 标签链接二级页面。

3. 使用 <div> 标签制作 banner 部分，将其 class 属性设置为 "banner" 和 "container"，用 <p> 标签在页面上加入文字信息。

4. 编写上述三步的代码。

想一想

不同层级的 div 之间的 CSS 样式是否会产生冲突？

```
<header class="home-header-banner">
<div class="header-box container">
<img src="imgs/logo.png" alt="SHANGHAI'S MUSEUMS LOGO" >
<div class="navigator">
<a href="#">Home</a>
<a href="museums.html">Museums</a>
<a href="events.html">Events</a>
<a href="news.html">News</a>
<a href="about.html">About</a>
</div>
</div>
<div class="banner container">
<p class="head-main-description">
Lorem ipsum dolor sit amet, consectetur adipisicing elit. A animi architecto
debitis...
</p>
<p class="head-description">
```

```
Lorem ipsum dolor sit amet, consectetur adipiscing elit, sed do eiusmod tempor
incididunt ut labore et dolore magna aliqua. Quis ipsum suspendisse ultrices
gravida. Risus commodo viverra maecenas accumsan lacus vel facilisis. Lorem
ipsum dolor sit amet, consectetur...
</p>
</div>
</header>
```

5. 创建 style.css 文件，并在 home.html 的 <head> 标签中增加 <link> 标签，用以链接 style.css 样式表。

```
<link rel="stylesheet" href="css/style.css">
```

6. 在 style.css 文件中设置全局样式：内外边距设置为 0，文本颜色为白色并使用 Arial 字体，所有元素的盒子模型设置为 border-box。

```
* {
    margin: 0;
    padding: 0;
    font-family: Arial;
    color: #ffffff;
    box-sizing: border-box;
}
```

7. 使用 background 样式添加 header 区域的背景图片。在 ".header-box" 中，将上下内边距设置为 20 像素，并将其布局方式设置为 Flex 布局。先将 align-items 样式的值设置为 center，使其内部的元素垂直居中；再将 justify-content 样式的值设置为 space-between，使其内部的元素两端对齐且平均分布。

8. 增加 container 类选择器样式，定义宽度为 1200 像素，左右内边距为 15 像素，并将左右外边距的值设置为 auto。

> **注意事项**
>
> 　　为具有固宽的元素设置左右外边距 auto 属性是常见的居中方法。通过分配 auto 元素的左右边距，可以使元素平等占据容器中水平方向的可用空间，即居中。

9. 先将所有 <a> 标签 text-decoration 样式的值设置为 none，移除 <a> 标签默认的下划线样式；再将导航栏中 <a> 标签的文字大小设置为

想一想

使用 CSS 文件外链的形式，具有什么优点？

想一想

使用左右外边距属性值 "auto" 的方法设置元素显示时，需要注意什么？

查一查

text-decoration 样式可以设置哪些值？

18 像素，向左外边距为 24 像素。顶部导航栏完成效果如图 2-2-1 所示。

10. 编写上述三步的代码。

想—想

为什么推荐使用相对路径引入资源？

```
.home-header-banner{
    background: url("../imgs/banner.png") center/cover no-repeat;
}
.header-box{
    padding-top: 20px;
    padding-bottom: 20px;
    display: flex;
    align-items: center;
    justify-content: space-between;
}
.container {
    width: 1200px;
    padding: 0 15px;
    margin: 0 auto;
}
a{
    text-decoration: none;
}
.navigator a {
    margin-left: 24px;
    font-size: 18px;
}
```

图 2-2-1　顶部导航栏

11. 将 banner 区域的上内边距设置为 200 像素，下内边距为 300 像素。将 banner 区域的第一段描述文字的字体大小设置为 60 像素。将 banner 区域的第二段描述文字的行高设置为 34 像素，上外边距为 25 像素，将下外边距与右外边距设置为 auto，字体大小为 24 像素。banner 文字部分完成效果如图 2-2-2 所示。

```
.banner {
    padding: 200px 0 300px 0;
}
.head-main-description{
    font-size: 60px;
}
.head-description {
    line-height: 34px;
    margin: 25px auto 0px auto;
    font-size: 24px;
}
```

图 2-2-2　banner 文字部分

12. 编写完成后的页面效果如图 2-2-3 所示。

图 2-2-3　头部区域完成效果图

（二）制作 Museums 区域

1. 使用 <div> 标签创建 Museums 区域，将其 class 属性的值设置为 "museums" 和 "area"。在其内部创建一个 class 属性为 "container" 的 <div> 标签。

2. 将 Museums 区域分为标题区和内容区，再将内容区分为左右两个区域。

3. 首先制作标题区，创建一个 class 属性值为 "title" 的 <div> 标签作为标题区，在标题区添加一个 <div> 标签用以显示标题；然后用 <div> 标签创建切换按钮区域，在按钮区域添加两个 <img> 标签，用以显示切换按钮。

4. 接着制作内容区，创建一个 class 属性的值为 "museum-left" 的 <div> 标签作为左侧区域，在其中添加一个 class 属性值为 "museum-content" 的 <div> 标签作为左侧区域的内容区，在内容区添加一个 class 属性值为 "sub-title" 的 <div> 标签作为内容区的标题。

5. 先在此标题下方创建两个显示博物馆信息的 <div> 标签；再创建一个 class 属性值为 "museum-button-box" 的 <div> 标签作为按钮组，

想—想

实现间距的方法有哪些？

并在其中加入两个 <button> 标签作为按钮 "Book" 和 "More"，两个按钮之间的间距为 20 像素。

6. 在左侧区域的最下方创建 class 属性值为 "museum-white-board" 的 <div> 标签和 class 属性值为 "museum-bottom museum-bottom-left-shape" 的 <div> 标签，并在第二个 <div> 标签内创建两个 <div> 标签，用以显示预定人数。

7. 先创建 class 属性值为 "museum-right" 的 <div> 标签作为右侧区域，用以展示图片；再通过 <img> 标签插入一张图片；最后在右侧区域的最下方创建 <p> 标签作为描述文字。

8. 编写上述七步的代码。

```
<div class="museums area">
<div class="container">
<div class="title">
<div >Museums</div>
<div class="museum-switch-box">
<img src="imgs/arrow-left.png" class="museum-switch" alt="left-button">
<img src="imgs/arrow-right.png" class="museum-switch" alt="right-button">
</div>
</div>
<div class="museum">
<div class="museum-left">
<div class="museum-content">
<div class="sub-title">Museum name</div>
<div class="museum-time">
<span>Opening and closing</span>
<span>09:00-17:00</span>
</div>
<p class="museum-description">
Lorem ipsum dolor sit amet, consectetur adipisicing elit. A animi architecto
debitis dolorum error exercitationem expedita, facilis id inventore iste molestiae
natus nesciunt, optio rerum soluta tempore totam ullam vel!Lorem ipsum dolor
sit amet, consectetur adipisicing elit. A animi architecto debitis dolorum error
exercitationem expedita, facilis id...
</p>
<div class="museum-button-box">
<button class="btn-deep">Book</button>
<button class="btn-light">More</button>
</div>
</div>
<div class="museum-white-board"></div>
<div class="museum-bottom museum-bottom-left-shape">
<div>
<div>1,863,404</div>
<div>Quantity of booking</div>
</div>
</div>
</div>
<div class=" museum-right">
```

```
<img src="imgs/museum-img.png" class="cover" alt="museum">
<div class="museum-bottom museum-bottom-right-shape white-alpha-75">
201 Renmin Avenue, Huangpu District, Shanghai, China
</div>
</div>
</div>
</div>
</div>
```

9. 将 Museums 区域的背景颜色设置为 #1e2a3e，再将标题区的布局方式设置为 Flex 布局。将 align-items 样式的值设置为 center，使其内部的元素垂直居中。将 justify-content 样式的值设置为 space-between，使其内部的元素两端对齐且平均分布，字体大小为 48 像素，下外边距为 40 像素。将切换按钮区域的布局方式也改为 Flex 布局，将其内部的切换按钮的左外边距设置为 32 像素，并且将 cursor 样式的值设置为 pointer。

提示

Flex 布局的实现方法：将元素的 display 样式值设置为"flex"。

注意事项

每块区域的上下内边距为 80 像素。

```
.museums {
    background-color: #1e2a3e;
}
.area {
    padding: 80px 0;
}
.title {
    font-size: 48px;
    display: flex;
    align-items: center;
    justify-content: space-between;
    margin-bottom: 40px;
}
.museum-switch-box {
    display: flex;
}
.museum-switch {
    cursor: pointer;
    margin-left: 32px;
}
```

想一想

当 padding 值只有两个时，如何对应作用的方向？

10. 设置左侧区域的定位方式为相对定位，布局方式为 Flex 布局。将 flex-direction 样式的值设置为 column，使其内部的元素排列方式变为纵向排列，通过 flex 属性将左侧区域的宽度设置为 400 像素。

```
.museum {
    display: flex;
}
.museum-left {
    position: relative;
    display: flex;
    flex-direction: column;
    flex: 400px;
}
```

想一想

flex-grow 样式
有什么作用？

11. 修改左侧区域的内容区域".museum-content"的样式，设置背景色为 #9a673a，四周内边距为 30 像素，布局方式改为 Flex 布局，排列方式为纵向排列。将 flex-grow 样式的值设置为 1，使其内容的尺寸随着父元素尺寸的增长而增长。

```
.museum-content {
    background: #9a673a;
    padding: 30px;
    display: flex;
    flex-grow: 1;
    flex-direction: column;
}
```

12. 设置".sub-title"的文字大小为 36 像素，并调整博物馆信息的行高和间距。

```
.sub-title {
    font-size: 36px;
}
.museum-time {
    line-height: 26px;
    margin-top: 30px;
    margin-bottom: 20px;
}
.museum-time span:first-of-type{
    margin-right: 28px;
}
.museum-description {
    line-height: 26px;
}
.museum-button-box {
    margin-top: auto;
}
.museum-button-box button:first-child{
    margin-right: 20px;
}
```

13. 为右侧区域".museum-right"设置相对定位的定位方式，为其内部的".cover"图片设置值为 100% 的宽度和高度，设置值为"cover"

的 object-fit 样式。

```
button {
    font-size: 18px;
    border-radius: 255px;
    border: none;
    outline: none;
    width: 110px;
    height: 40px;
    cursor: pointer;
    transition: all 0.3s;
}
.btn-deep {
    background: #1e2a3e;
}
.btn-light {
    background: #c58c73;
}
.museum-white-board {
    height: 100px;
    background-color: #ffffff;
}
.museum-bottom {
    background-color: rgba(30, 42, 62, 0.8);
    background-repeat: no-repeat;
    height: 100px;
    width: 100%;
    position: absolute;
    bottom: 0;
    display: flex;
    justify-content: center;
    align-items: center;
    font-size: 24px;
}
.museum-bottom-left-shape {
    background-image: url(../imgs/museum-bottom-left-shape.png);
}
.museum-right {
    position: relative;
}
.cover {
    width: 100%;
    height: 100%;
    object-fit: cover;
}
.museum-bottom-right-shape {
    background-image: url(../imgs/museum-bottom-right-shape.png);
    background-position: 100% 100%;
}
.white-alpha-75 {
    color: rgba(255, 255, 255, 0.75);
}
.white-alpha-50 {
    color: rgba(255, 255, 255, 0.5);
}
```

查一查

cursor 样式有
哪些参数？

说一说

绝对定位和相
对定位可以如
何组合使用？

查一查

object-fit 样式
有什么作用？

14. 编写完成后的页面效果如图 2-2-4 所示。

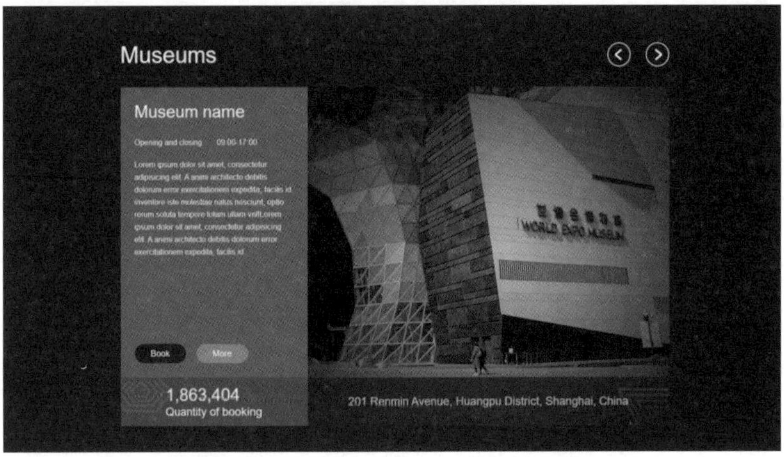

图 2-2-4　Museums 区域完成效果图

（三）创建 Events 区域

1. 创建一个 class 属性值为 "events area" 的 <div> 标签作为 Events 区域。在此区域内创建一个 class 属性值为 "container" 的 <div> 标签，并在 "<div class="container"></div>" 内部创建一个 class 属性值为 "title" 的 <div> 标签作为标题区。在标题区中添加一个 <div> 标签，用以显示标题，再使用 <button> 标签创建按钮 "More"。

2. 在制作 Events 区域的内容区时，将 class 属性值为 "grid-system" 的 <div> 标签作为容器，在容器内创建 class 属性含有 "col-[x]" 的 <div> 标签作为内容，通过设置这些内容的宽度来完成元素的排列。其中，col-md-[x] 在平板端中使用，col-sm-[x] 在移动端中使用。

> **提示**
>
> ［x］标注为替换变量，［x］可替换为数字 1—12，如 col-1、col-2 …… col-12。

注意事项

该方法通常用于响应式页面的制作，主要通过定义栅格容器、行、列及间隔，来快速地实现响应式页面布局。

栅格容器（.container）：限定网格系统的宽度，用于放置网格系统的行。本项目中的容器宽度为 100%。

行（.grid-system）：网格系统的行，内部可以包含数个列元素。

列（.col-[x]）：网格系统的列。本项目使用 12 列网格系统，将行的宽度进行 12 等分，一个列的宽度为 8.33%（100%/12）。

间隔：通过设置列的左右内边距，来实现列之间的间隔。本项目中的间隔为 15 像素。

3. 活动分为主要活动和其他活动，主要活动包含活动标题、活动时间、活动描述和活动地点，其他活动包含有活动标题和活动时间。其他活动完成效果如图 2-2-5 所示。

```
<div class="events area">
<div class="container">
<div class="title">
<div>Events</div>
<button class="btn btn-light">More</button>
</div>
<div class="grid-system">
<div class="col-6 col-md-12 col-sm-12">
<div class="grid-system">
<div class="col-6 col-md-6 col-sm-12">
<div class="main-event">
<div class="events-title">
<span class="sub-title">Sept 30</span>
<span>09:00-17:00</span>
</div>
<div class="seasonal-event-title">Seasonal Events Title</div>
<p class="events-information">
Lorem ipsum dolor sit amet, consectetur adipisimcing elit. A animi architecto
debitis dolorum error exercitationem expedita, facilis id inventore iste molestiae
natus nesciunt, optio rerum soluta tempore totam ullam vel!Lorem ipsum dolor
sit amet, consectetur...
</p>
<div>
<div class="events-info-special">Application Time</div>
<div>2020/09/01 - 2020/10/01</div>
</div>
<div>
<div class="events-info-special">Event Location</div>
<div>201 Renmin Avenue,Huangpu District,Shanghai</div>
</div>
<div class="main-event-button-box">
<button class="btn btn-deep">Join</button>
</div>
</div>
</div>
<div class="col-6 col-md-6 col-sm-12">
<div class="grid-system events-left-event">
<div class="col-12 col-md-12 col-sm-12 event-info-box event-info-box-
space">
<div class=" event-info ">
<div>
<span class="event-info-date">Sept 30</span>
<span>09:00-17:00</span>
</div>
<div class="event-list-title">
Seasonal Events Title
</div>
</div>
<img src="imgs/img-2.png" alt="event-img" class="cover">
</div>
```

想一想

如何高效地使用样式权重关系，实现 CSS 样式的优化？

说一说

CSS 选择器的命名有哪些规范？

```
<div class="col-12 col-md-12 col-sm-12 event-info-box">
<div class="event-info">
<div>
<span class="event-info-date">Sept 30</span>
<span>09:00-17:00</span>
</div>
<div class="event-list-title">
Seasonal Events Title
</div>
</div>
<img src="imgs/img-2.png" alt="event-img" class="cover">
</div>
</div>
</div>
</div>
</div>
<div class="col-6 col-md-12 col-sm-12">
<div class="grid-system">
<div class="col-6 col-md-6 col-sm-12 event-info-box event-info-box-space">
<div class="event-info">
<div>
<span class="event-info-date">Sept 30</span>
<span>09:00-17:00</span>
</div>
<div class="event-list-title">
Seasonal Events Title
</div>
</div>
<img src="imgs/img-2.png" alt="event-img" class="cover">
</div>
<div class="col-6 col-md-6 col-sm-12 event-info-box event-info-box-space">
<div class="event-info">
<div>
<span class="event-info-date">Sept 30</span>
<span>09:00-17:00</span>
</div>
<div class="event-list-title">
Seasonal Events Title
</div>
</div>
<img src="imgs/img-2.png" alt="event-img" class="cover">
</div>
<div class="col-6 col-md-6 col-sm-12 event-info-box">
<div class="event-info">
<div>
<span class="event-info-date">Sept 30</span>
<span>09:00-17:00</span>
</div>
<div class="event-list-title">
Seasonal Events Title
</div>
</div>
<img src="imgs/img-2.png" alt="event-img" class="cover">
</div>
<div class="col-6 col-md-6 col-sm-12 event-info-box">
```

```
<div class="event-info">
<div>
<span class="event-info-date">Sept 30</span>
<span>09:00-17:00</span>
</div>
<div class="event-list-title">
Seasonal Events Title
</div>
</div>
<img src="imgs/img-2.png" alt="event-img" class="cover">
</div>
</div>
</div>
</div>
</div>
</div>
```

图 2-2-5　其他活动

4. 为 Events 区域添加背景颜色。为容器"grid-system"添加样式,将布局方式设置为 Flex 布局,将 flex-wrap 样式的值设置为 wrap,允许其内部的元素换行显示。设置左右外边距为 −15 像素。内容"col-[x]"的左右内边距为 15 像素,其中".col-3"的宽度为 25%,".col-4"的宽度为 33.333333%,".col-6"的宽度为 50%,".col-8"的宽度为 66.666667%,".col-9"的宽度为 75%。

提示

flex-wrap 样式用于修改 flex 容器内部的项目是否换行。

```
.events {
    background-color: #55787a;
}
.grid-system {
    display: flex;
    flex-wrap: wrap;
    margin: 0 -15px;
```

```
}
.col-3, .col-4, .col-6, .col-8, .col-9, .col-12 {
    padding: 0 15px;
}
.col-3{
    width: 25%;
}
.col-4{
    width: 33.333333%;
}
.col-6{
    width: 50%;
}
.col-8{
    width: 66.666667%;
}
.col-9{
    width: 75%;
}
```

想一想

width 属性可
以赋予哪些类
型的值？

5. 将 ".main-event" 的高度设置为 100%，四周内边距为 20 像素，背景颜色为黑色，行高为 30 像素，其内部的 ".sub-title" 的文字大小为 36 像素。将活动描述设置为不同的颜色，与其他内容区分。按钮靠右侧显示，且与文字内容的间距为 23 像素。所有活动的标题大小为 18 像素，且上下外边距为 20 像素。

```
.main-event {
    height: 100%;
    padding: 20px;
    background-color: #000000;
}
.sub-title {
    font-size: 36px;
}
.seasonal-event-title {
    font-size: 18px;
    margin: 20px 0;
}
.events-information {
    color: #bfbfbf;
}
.events-info-special {
    color: #808080;
}
.main-event p {
    line-height: 30px;
}
.main-event-button-box {
    margin-top: 23px;
    text-align: right;
}
```

6. 每个其他活动的元素高度为 290 像素，定位方式为绝对定位，且下外边距为 50 像素。其他活动内容的内边距为 20 像素，将定位方式改为绝对定位，通过 bottom 属性使其靠底部显示，通过 z-index 样式修改其层级，并为其他活动中的图片添加动画过渡效果。

查一查

在 CSS 中添加动画效果的方式有哪些？

```
.event-info-box-space {
    margin-bottom: 50px;
}
.event-info-box {
    height: 290px;
    position: relative;
}
.event-info {
    padding: 20px;
    position: absolute;
    bottom: 0;
    z-index: 5;
}
.event-info-box img {
    transition: all 0.3s;
}
.event-info-date{
    font-size: 24px;
    margin-right: 20px;
}
.event-list-title{
    margin-top: 8px;
}
.btn {
    text-align: center;
    line-height: 40px;
    font-size: 18px;
    border-radius: 255px;
    border: none;
    outline: none;
    width: 110px;
    height: 40px;
    cursor: pointer;
}
```

想一想

为什么要在此模块使用栅格布局？

7. 编写完成后的页面效果如图 2-2-6 所示。

提示

class 属性值的顺序不会影响样式效果的呈现。

图 2-2-6　Events 区域完成效果图

（四）创建 NEWS 区域

1. 创建 class 属性值为"news area"的 <div> 标签作为 NEWS 区域，在此区域内创建 class 属性值为"container"的 <div> 标签，在其内部创建一个 class 属性值为"title"的 <div> 标签作为标题区。在标题区中添加一个 <div> 标签，用以显示标题，再使用 <button> 标签创建按钮"More"。

2. 与 Events 区域相同，创建 class 属性值为"grid-system"的 <div> 标签，作为容器，创建 class 属性值为"col-[x]"的 <div> 标签作为内容。每一条新闻都分为左右两部分，左半部分为新闻内容，右半部分为新闻图片。新闻内容部分含有新闻标题、新闻信息、新闻事件、按钮"View"。NEWS 区域完成效果如图 2-2-7 所示。

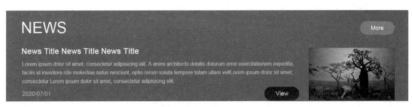

图 2-2-7　NEWS 区域完成效果图

```
<div class="news area">
<div class="container">
<div class="title">
<div>NEWS</div>
<button class="btn btn-light">More</button>
</div>
<div class="new-info new-info-first grid-system">
<div class="col-9 col-md-8 col-sm-12">
<div>
<div class="new-title">
News Title News Title News Title
</div>
<p class="white-alpha-75 new-content">
Lorem ipsum dolor sit amet, consectetur adipisicing elit. A animi architecto
debitis dolorum error exercitationem expedita, facilis id inventore iste molestiae
natus nesciunt, optio rerum soluta tempore totam ullam vel!Lorem ipsum dolor
sit amet, consectetur Lorem ipsum dolor sit amet, consectetur adipisicing elit.
</p>
<div class="new-button-box">
<span class="white-alpha-50">2020/07/01</span>
<button class="btn-deep">View</button>
</div>
</div>
</div>
<div class="col-3 col-md-4 col-sm-12">
<img src="imgs/img-3.png" alt="news-img" class="cover">
</div>
</div>
<div class="line"></div>
<div class="new-info grid-system">
```

```
<div class="col-9 col-md-8 col-sm-12">
<div>
<div class="new-title">
News Title News Title News Title
</div>
<p class="white-alpha-75 new-content">
Lorem ipsum dolor sit amet, consectetur adipisicing elit. A animi architecto
debitis dolorum error exercitationem expedita, facilis id inventore iste molestiae
natus nesciunt, optio rerum soluta tempore totam ullam vel!Lorem ipsum dolor
sit amet, consectetur Lorem ipsum dolor sit amet, consectetur adipisicing elit.
</p>
<div class="new-button-box">
<span class="white-alpha-50">2020/07/01</span>
<button class="btn-deep">View</button>
</div>
</div>
</div>
<div class="col-3 col-md-4 col-sm-12">
<img src="imgs/img-3.png" alt="news-img" class="cover">
</div>
</div>
<div class="line"></div>
<div class="new-info grid-system">
<div class="col-9 col-md-8 col-sm-12">
<div>
<div class="new-title">
News Title News Title News Title
</div>
<p class="white-alpha-75 new-content">
Lorem ipsum dolor sit amet, consectetur adipisicing elit. A animi architecto
debitis dolorum error exercitationem expedita, facilis id inventore iste molestiae
natus nesciunt, optio rerum soluta tempore totam ullam vel!Lorem ipsum dolor
sit amet, consectetur Lorem ipsum dolor sit amet, consectetur adipisicing elit.
</p>
<div class="new-button-box">
<span class="white-alpha-50">2020/07/01</span>
<button class="btn-deep">View</button>
</div>
</div>
</div>
<div class="col-3 col-md-4 col-sm-12">
<img src="imgs/img-3.png" alt="news-img" class="cover">
</div>
</div>
<div class="line"></div>
</div>
</div>
```

3. 使用 background 样式为 NEWS 区域添加背景图片。每一条新闻的上下内边距为 40 像素，第一条新闻的上内边距为 0，且每条新闻之间有一条分割线，每条新闻的标题大小为 24 像素。将按钮区域的布局方式改为 Flex 布局。将 align-items 样式的值设置为 center，使元素垂直居中。将 justify-content 样式的值设置为 space-between，使元素两

查一查

background 样式可以设置哪些参数？

端对齐且均匀分布，且该区域内的文字大小为 18 像素。

```
.news {
    background: url(../imgs/banner-2.png) no-repeat center/cover;
}
.new-info-first {
    padding-top: 0;
}
.new-info {
    padding: 40px 0px;
}
.new-title {
    font-size: 24px;
}
.new-button-box {
    display: flex;
    align-items: center;
    justify-content: space-between;
    font-size: 18px;
}
.new-content{
    line-height: 26px;
    margin:25px 0 8px 0;
}
.line {
    border-bottom: 1px solid rgba(255,255,255,0.5);
}
```

4. 编写完成后的效果如图 2-2-8 所示。

图 2-2-8   NEWS 区域完成效果图

（五）创建 Footer 区域

1. 使用语义化标签 <footer> 创建页脚区域，创建 <span> 标签作为版权信息，创建 class 属性值为 "social-media" 的 <div> 标签作为社交媒体部分，在其中使用 <img> 标签插入社交媒体图标。

```
<footer>
    <div class="container footer">
        <span>Copyright © 2019 - All rights reserved</span>
        <div class="social-media">
            <img src="imgs/icon-1.png" alt="QQ">
            <img src="imgs/icon-2.png" alt="WeChat">
            <img src="imgs/icon-3.png" alt="Weibo">
        </div>
    </div>
</footer>
```

2. 设置 <footer> 标签的背景颜色和上下内边距，设置页脚区域中内容区域的布局方式为 Flex 布局。将 align-items 样式设置为 center，使元素垂直居中。将 justify-content 样式设置为 space-between，使元素两端对齐且均匀分布。将社交媒体图标之间的间距设置为 20 像素，且修改 cursor 样式为 pointer。

```
footer {
    background-color: #1e2a3e;
    padding: 30px 0;
}
.footer{
    display: flex;
    align-items: center;
    justify-content: space-between;
}
.social-media img{
    margin-left: 20px;
    cursor: pointer;
}
```

想一想

cursor 还有哪些属性值可以设置？

3. 编写完成后的效果如图 2-2-9 所示。

图 2-2-9　页脚区域完成效果图

活动二：新闻列表页重构

1. 使用与网站首页相同的方法制作导航栏部分，并使用与网站首页 NEWS 区域相同的方法制作此页面的新闻列表，同样制作三条新闻栏目。

2. 创建一个 class 属性值为 "page-btn-group page-news-btn-group" 的 <div> 标签作为分页区域，在其中创建两个左右切换按钮和四个页码按钮。

3. 使用与网站首页中相同的操作制作 Footer 区域。

4. 为最左和最右的切换按钮添加背景颜色，修改其内部文字的颜

想一想

background-color 和 color 的区别是什么？

色，并且添加背景图片。

```
.switch{
    background-color: #4b5565;
    color: #ffffff;
}
.switch-left{
    background-image: url("../imgs/btn-img-left.png");
}
.switch-right{
    background-image: url("../imgs/btn-img-right.png");
}
```

5. 编写完成后的页面效果如图 2-2-10 所示。

图 2-2-10　新闻列表页完成效果图

活动三：博物馆详情页重构

1. 使用与网页首页相同的方法制作导航栏部分。顶部导航栏完成效果如图 2-2-11 所示。

图 2-2-11　顶部导航栏

2. 创建 class 属性值为 "area container" 的 <div> 标签作为内容区域，在其内部创建一个 class 属性值为 "title" 的 <div> 标签作为标题。

3. 在标题下方创建 class 属性值为 "page-content" 的 <div> 标签作为介绍内容。在内容下方创建 class 属性值为 "page-image-box" 的 <div> 标签作为图片展示区域，并在其内部插入两张图片。在其中使用 <div> 标签制作标题，再创建一个 <div> 标签作为文字部分。然后创建图片部分，创建两个 <img> 标签，用于放置两张图片。

4. 使用与网站首页中相同的操作制作 Footer 区域。

5. 编写完成后的效果如图 2-2-12 所示。

图 2-2-12　博物馆详情页完成效果图

总结评价

根据世赛相关评分要求，本任务的评分标准如表 2-2-1 所示。

表 2-2-1　任务评价表

序号	评价项目	评分标准	分值	得分
1	完成网站首页重构	包括头部、导航菜单和内容部分等。每项错误或遗漏，扣除 10 分，扣完为止	30	
2	完成新闻列表页重构	包括新闻栏目、导航栏跳转等。每项错误或遗漏，扣除 5 分，扣完为止	15	
3	完成博物馆详情页重构	文字与图片放置在合理的位置。每项错误或遗漏，扣除 5 分，扣完为止	15	
4	动画效果制作	为网站中的内容添加动画效果。每项错误或遗漏，扣除 5 分，扣完为止	10	
5	导航栏正确	首页与二级页面之间可以正常跳转。每项错误或遗漏，扣除 5 分，扣完为止	10	
6	页面布局	页面的布局破版混乱（0 分）； 页面的布局大部分能符合设计图，仍有小部分破版（7 分）； 页面的布局大部分能符合设计图，并且无破版（14 分）； 页面的布局完全符合设计图（20 分）	20	

拓展学习

响应式布局

查一查

响应式与自适应的区别是什么？

通过本任务的学习，你已经掌握了如何在网站中进行布局，那么你知道常见的商业网站是如何兼容不同设备的吗？

响应式布局是指一个网站能兼容多个终端，而不是为每个终端做一个特定的版本。这个概念是为解决移动互联网浏览而诞生的。在移动设备普及的当下，它可以为使用不同终端的用户带来更好的体验。目前，这项技术也被越来越多的网站开发者所采用，带来了很多创新模式。

思考与练习

一、思考题

1. 将盒子模型中的 display 样式的值设置为 grid，要如何实现网格布局？

2. 如果页面有多种主题且可以自由切换，要如何实现？

二、技能训练题

1. 请完成新闻详情页、活动列表页、活动详情页和关于页的重构。

2. 请尝试使用 HTML 和 CSS 制作一个自己设计的网站。

任务 3　页面动画和交互效果制作

学习目标

1. 能使用 CSS 伪类制作常见动画效果。
2. 能使用 CSS 创建帧动画。
3. 能使用 CSS 的 transition 样式完成动画过渡效果。
4. 能使用 JavaScript 制作常见动画和前端用户交互效果。
5. 能使用 jQuery 库。
6. 能依照网站首页设计稿制作对应内容区域的动画和交互效果。

情景任务

在实现网站重构后，一个高度还原设计图的网页已经出现在你的眼前。当移动鼠标对网页进行操作时，你会发现这个页面没有任何的交互反馈，交互体验较差。在本任务中，你将学习如何结合 CSS 和 JavaScript 技术给网站添加有趣的交互和动画。

提示

请思考网页的哪些区域或元素需要设计交互效果。

思路与方法

你一定已经习惯了在网站中通过点击、拖动、滑动鼠标等操作来实现相关功能，同时，网站会根据你的操作给予相应反馈，这样可以有效提升用户在访问网站时的体验，一般称之为网站的交互效果。

丰富的交互效果能令人愉悦，现如今已是网站制作中必不可少的部分。通过页面交互效果，能让用户精准地进行网站功能的操作，比如，引导用户关注，预测操作结果，让用户感知多样的网站反馈，提升交互体验。

在本任务中，将要制作活动列表与新闻列表的交互效果。

查一查

CSS 伪类有哪些？

一、CSS 是如何实现交互效果的？

CSS 伪类（pseudo classes）选择器可以为特殊状态的元素设置样式，语法是 selector:pseudo class { property: value; }。可以简单地通过一个半角英文冒号":"来隔开选择符和伪类。常用于制作交互效果的 CSS 伪类如表 2-3-1 所示。

表 2-3-1 常用 CSS 伪类

选择器	样例	用途
:active	a:active	选择活动状态的链接
:checked	input:checked	选择每个被选中的表单控件元素
:focus	input:focus	选择获得焦点的表单控件元素
:hover	a:hover	选择鼠标悬停状态的元素

二、过渡动画效果是如何设置的？

从效果上看，transition 样式是一种平滑过渡的动画，本质上是在线性时间内将样式从开始值过渡到结束值。

表 2-3-2 transition 样式值

属性值	功能描述	图例
ease	默认值，元素样式从初始状态过渡到终止状态时，速度由快到慢，逐渐变慢	
linear	元素样式从初始状态过渡到终止状态时的速度是恒速	
ease-in	元素样式从初始状态过渡到终止状态时，速度越来越快，呈一种加速状态。这种效果被称为渐显效果	

（续表）

属性值	功能描述	图例
ease-out	元素样式从初始状态过渡到终止状态时，速度越来越慢，呈一种减速状态。这种效果被称为渐隐效果	
ease-in-out	元素样式从初始状态过渡到终止状态时，先加速再减速。这种效果被称为渐显渐隐效果	

三、CSS animation 有哪些功能？

先前介绍的 transition 样式虽然功能强大，但是往往难以满足复杂动画效果和交互功能的实现。而 animation 为网页动画带来了全新的可能，通过关键帧"@keyframes"来实现更为复杂的动画效果。

四、JavaScript 有哪些特点？

JavaScript（简称"JS"）具有函数优先的特点，它可以在不同的开发环境中充当轻量级、解释型或即时编译型的编程语言。虽然它是作为开发 Web 功能的脚本语言而出名的，但同时也具有很好的跨平台特性。

想一想

JavaScript 语言的特点有哪些？

五、jQuery 有哪些特点？

jQuery 是一个快速、简洁的 JavaScript 框架，是继 Prototype 之后又一个优秀的 JavaScript 代码库或 JavaScript 框架。jQuery 设计的宗旨是"write less, do more"，即倡导写更少的代码，做更多的事情。它不仅可以封装 JavaScript 常用的功能代码，还可以提供一种简便的 JavaScript 设计模式，优化 HTML 文档操作、事件处理、动画设计和 Ajax 交互。

了解页面交互后，接下来可以为页面制作一些交互效果，具体为按钮交互效果、活动列表图片交互效果、新闻列表图片交互效果、新闻列表页分页功能。

注意事项

在开始本任务的活动前，需要先了解该活动所使用的项目文件和素材。

CSS：style.css。

JS：jquery-3.2.1.js、animation.js。

HTML：home.html、events.html、museums.html。

想一想

为什么要为按钮添加交互效果？添加互动效果后，用户在观感上有什么不一样的体验？

活动一：按钮交互效果

在 style.css 文件中添加 CSS 样式，具体步骤如下。

1. 为 button 设置 transition 样式，为按钮添加样式变化时的过渡效果，将适用的 CSS 样式设置为 all（表示全部 CSS 样式），动画过渡时间为 0.3 秒。

```
button{
    transition: all 0.3s;
}
```

2. 使用 hover 伪类选择器为按钮添加鼠标悬浮时的样式，设置滤镜样式为 "brightness"，调整按钮明亮度为 90%。按钮交互效果如图 2-3-1 所示。

```
button:hover{
    filter: brightness(90%);
}
```

图 2-3-1　按钮交互效果

活动二：活动列表图片交互效果

在 style.css 文件中添加 CSS 样式，具体步骤如下。

1. 为活动列表图片设置 transition 样式，为图片添加样式变化时的过渡效果，将适用的 CSS 样式设置为 all（表示全部 CSS 样式），动画过渡时间为 0.3 秒。

```
.event-info-box img{
    transition: all 0.3s;
}
```

想一想

过高的图片明亮度会对网站页面造成什么影响?

2. 使用 hover 伪类选择器为图片添加鼠标悬浮时的样式,设置滤镜样式为"brightness",调整图片明亮度为 150%。活动列表图片交互效果如图 2-3-2 所示。

```
.event-info-box img:hover{
    filter: brightness(150%);
}
```

图 2-3-2 活动列表图片交互效果

活动三: 新闻列表图片交互效果

在 style.css 文件中添加 CSS 样式,具体步骤如下。

1. 定义关键帧 @keyframes,通过设置不同百分比的方式来表示动画的过程。0% 为动画开始时的状态,使用 transform 样式设置元素的变形,使其 scale 值为 1(缩放比例为 1)。50% 为动画进行到一半时的状态,调整缩放比例为 1.2。100% 为动画结束时的状态,调整缩放比例为 1。通过这三步,可以完成一个帧动画的定义。

操作要领: 语法是 @keyframes animation-name {keyframes-selector {css-styles;}}。

```
@keyframes change{
    0%{
        transform: scale(1);
    }
    50%{
        transform: scale(1.2);
```

```
    }
    100%{
        transform: scale(1);
    }
}
```

想一想

为什么要使用
帧动画而不是
transition？这
两者之间有什
么不同？

2. 使用 hover 伪类选择器为新闻列表图片添加鼠标悬浮时的效果，使用 animation 调用先前定义的帧动画 "change"，设置动画过渡时间为 0.5 秒。新闻列表图片交互效果如图 2-3-3 所示。

```
.new-info img:hover{
    animation: change 0.5s ;
}
```

图 2-3-3　新闻列表图片交互效果

活动四：新闻列表页分页功能

（一）在新闻列表页创建分页按钮

为新闻列表页添加分页按钮，并为交互效果制作预留 class 名称。

```
<button class="page-btn switch switch-left" data-side="left" disabled><<</button>
<button class="page-btn page-btn-active">1</button>
<button class="page-btn">2</button>
<button class="page-btn">3</button>
<button class="page-btn">4</button>
<button class="page-btn switch switch-right" data-side="right">>>></button>
```

（二）在 style.css 文件中添加 CSS 样式

1. 为新闻列表页的按钮添加新的 CSS 样式，调整按钮的高度、宽度、圆角、背景颜色和文本颜色。

```
.page-btn{
    width: 30px;
    height: 30px;
    border-radius: 0;
    background-color: #ffffff;
    color: #000000;
    margin: 0 7px;
}
```

2. 为按钮添加选中状态的样式。

```
.page-btn-active{
    color: #ffffff;
    background-color: #1e2a3e;
}
```

想一想

除 了 使 用 background-color 样式外，还能使用什么样式设置背景颜色？

（三）使用 JavaScript 创建动画

1. 创建 animation.js 文件并在 HTML 页面中同时与 jQuery 库一起引入，需要注意 jQuery 库应当在 animation.js 之前被引入。

```
<script src="js/jquery-3.2.1.js"></script>
<script src="js/animation.js"></script>
```

2. 创建页面加载完成时执行的事件函数（与 window.onload 相同）。

```
$(function(){
});
```

3. 在该函数中为分页按钮绑定点击事件。

```
$(".page-btn").click(function(){
});
```

想一想

原生 JavaScript 中 如 何 监 听事件？

> **注意事项**
>
> 　　在 JavaScript 中操作 DOM 元素的代码，应当在页面加载完成后执行。

4. 在点击事件的执行器中首先移除左右切换按钮的 disabled 属性，再判断当前点击的按钮的 class 属性是否含有 "switch"。

5. 如果当前点击的按钮的 class 属性含有 "switch"，就表示点击的按钮为 "向前翻页" 按钮或 "向后翻页" 按钮。使用 attr 方法获取当前点击的按钮的 data-side 属性，判断切换的方向。

6. 当切换的方向为 "向前翻页" 时，通过 index 方法获取当前激活按钮（当前页数按钮）的位置，用于判断当前显示的页数，并为当前激活按钮移除 "激活" 样式，为上一个按钮添加 "激活" 样式。同时，判断如果当前页码为第一页（位置为 1）时，在 "向前翻页" 按钮的标签中添加 disabled 属性，使其被禁用。

7. 当切换的方向为 "向后翻页" 时，进行相反操作。同时，判断

说一说

还有哪些方法可以实现该交互效果？

如果当前页码是最后一页（位置为 4）时，为"向后翻页"按钮添加 disabled 属性，使其被禁用。

```
$(".switch").removeAttr("disabled");
    if($(this).hasClass("switch")){
        var side=$(this).attr("data-side");
        if(side=="left"){
            var index=$(".page-btn.page-btn-active").index()-1;
            $(".page-btn.page-btn-active").removeClass("page-btn-active");
            $(".page-btn").eq(index).addClass("page-btn-active");
            if(index==1)
                $(".switch-left").attr("disabled","true");
        }
        else if(side=="right"){
            var index=$(".page-btn.page-btn-active").index()+1;
            $(".page-btn.page-btn-active").removeClass("page-btn-active");
            $(".page-btn").eq(index).addClass("page-btn-active");
            if(index==$(".page-btn").not(".switch").length)
                $(".switch-right").attr("disabled","true");
        }
    }
    else{
        $(".page-btn.page-btn-active").removeClass("page-btn-active");
        $(this).addClass("page-btn-active");
        if($(this).index()==1)
            $(".switch-left").attr("disabled","true");
        else if($(this).index()==$(".page-btn").not(".switch").length)
            $(".switch-right").attr("disabled","true");
    }
});
```

8. 如果当前点击的按钮的 class 属性不含有"switch"，就表示点击的按钮为"页码跳转"按钮，为当前激活按钮移除"激活"样式，并为当前点击的按钮添加"激活"样式。

9. 通过 index 方法获取当前点击的按钮的位置，当被点击的按钮为第一页（值为 1）时，为"向前翻页"按钮添加 disabled 属性；当被点击的按钮为最后一页（位置为 4）时，为"向后翻页"按钮添加 disabled 属性，使其被禁用。分页完成效果如图 2-3-4 所示。

```
else{
    $(".page-btn.page-btn-active").removeClass("page-btn-active");
    $(this).addClass("page-btn-active");
    if($(this).index()==1)
        $(".switch-left").attr("disabled","true");
    else if($(this).index()==4)
        $(".switch-right").attr("disabled","true");
}
```

图 2-3-4　分页完成效果图

根据世赛相关评分要求，本任务的评分标准如表 2-3-3 所示。

表 2-3-3　任务评价表

序号	评价项目	评分标准	分值	得分
1	按钮交互效果	正确使用伪类 hover。每项错误或遗漏，扣除 5 分，扣完为止	20	
2	活动列表图片交互效果	正确使用伪类 hover。每项错误或遗漏，扣除 5 分，扣完为止	20	
3	新闻列表图片交互效果	正确定义帧动画，并使用 animation 调用。每项错误或遗漏，扣除 10 分，扣完为止	30	
4	活动列表页分页功能	正确创建按钮，并且功能可以正常使用。每项错误或遗漏，扣除 10 分，扣完为止	30	

通过本任务的学习，你已经掌握了基本动画效果的制作方法。接下来，将深入了解 transition 与 animation 的更多用法。

提示

通常使用 CSS 与 Javascript 相结合的方式来实现页面的交互效果。

表 2-3-4　transition 复合样式的值

值	描述
transition-property	规定设置过渡效果的 CSS 样式名称
transition-duration	规定完成过渡效果需要多少秒或毫秒
transition-timing-function	规定速度效果的速度曲线
transition-delay	规定过渡效果何时开始

表 2-3-5   animation 复合样式的值

值	描述
animation-name	指定要绑定到选择器的关键帧的名称
animation-duration	指定动画完成需要多少秒或毫秒
animation-timing-function	设置动画将如何完成一个周期
animation-delay	设置动画在启动前的延迟间隔
animation-iteration-count	规定动画的播放次数
animation-direction	指定是否应该轮流反向播放动画
animation-fill-mode	规定当动画不播放时（当动画完成时或当动画有一个延迟未开始播放时），要应用到元素的样式
animation-play-state	指定动画是否正在运行或已暂停

 思考与练习

一、思考题

　　1. 贝塞尔曲线能实现哪些交互动画？

　　2. 如何使用 HashMap 替换分支语句？

二、技能训练题

　　1. 请尝试使用多个 animation 组合实现一个复杂的动画。

　　2. 请尝试制作一份网页 3D 效果动画。

任务 4　响应式网站制作

 学习目标

1. 能分析页面并呈现在移动端显示错误的元素。
2. 能优化页面内容结构与元素尺寸。
3. 能针对不同分辨率或设备，调整网页内容布局。
4. 能优化多端用户操作体验。
5. 能独立制作与维护网站响应式页面并优化。

 情景任务

　　在移动端普及的现代，你也许会遇到困惑，如何才能让网站同时支持平板和手机等不同分辨率的移动设备访问？本任务将要带领你学习响应式网站的制作技巧，为网站首页添加平板端和手机端两个分屏点，并且练习如何处理两个分屏点之间的样式过渡。

提示

浏览网站响应式设计稿时，思考如何针对响应式对页面HTML结构进行优化。

思路与方法

　　你有没有尝试过使用不同设备访问一个相同的网站？一个制作精良的网站会根据不同的设备改变布局，以适应不同设备的尺寸和特性。这样的优化在很大程度上提升了人们使用不同设备访问网站时的体验感。

　　这样的布局方式被称为响应式布局，它可以使网页兼容多个终端。在本任务中，将在之前开发完成的网站首页的基础上，开发它的平板端与手机端页面。

一、什么是响应式网站？

　　响应式网站（Responsive Web）的理念是：页面的设计与开发应根据用户行为和设备环境（系统平台、屏幕尺寸、屏幕定向等）进行相应的响应和调整。具体的实践方式由多方面组成，包括弹性网格和布局、

提示

响应式网站设计
可以更好地减
少开发工作量。

图片、CSS 媒体查询（Media Queries）的使用等。无论用户正在使用电脑还是 iPad，页面都能自动切换分辨率、图片尺寸及相关脚本功能，即页面有能力自动响应用户的设备环境。响应式网站设计就是一个网站能兼容多个终端，这样就可以不必为不断到来的新设备做专门的版本设计和开发了。

二、<meta> 标签有哪些作用？

meta 是 HTML 语言 head 区的一个辅助性标签，位于文档的头部，不包含任何内容。<meta> 标签的属性定义了与文档相关联的名称 / 值对。meta 元素可提供相关页面的元信息（meta-information），比如，针对搜索引擎和更新频度的描述和关键词。

三、viewport 有哪些作用？

viewport 是指移动设备浏览器中放置页面的一个虚拟窗口，即用来显示网页的区域，相当于电脑端浏览器可视区。在移动端开发中，常将视口抽象划分为布局视口、视觉视口和理想视口。

• 布局视口：是移动设备默认的 viewport，宽度介于 768 像素和 1024 像素之间，如果不进行缩放，就比浏览器窗口要大。

• 视觉视口：是用户正在看到的网页区域，即屏幕宽度。

• 理想视口：由于可能需要横向滚动页面，这对移动端用户的体验不友好，而采用理想视口的方式可以使网页在移动端浏览器上获得最理想的浏览和阅读宽度。

四、如何为不同设备和分辨率设置样式？

媒体查询可以根据不同的设备，为其实现不同的样式。通过 @media 可以根据不同的屏幕尺寸设置不同的样式，页面布局分别适应移动端、电脑端等。当浏览器宽度发生变化时，页面会根据媒体的宽度和高度来重新布置样式。

了解什么是响应式网站后，就可以为当前页面设计不同客户端的响应式，它们分别为：

1. 平板端（768 像素）；

2. 手机端（480 像素）。

活动一：网站首页平板端制作

1. 在首页 HTML 文件中的 <head> 标签内添加 <meta> 标签。

```
<meta name="viewport" content="width=device-width, user-scalable=no, initial-scale=1.0, maximum-scale=1.0, minimum-scale=1.0">
```

2. 使用 @media 媒体查询设置分辨率为 768 像素以下时的样式。

```
@media screen and (max-width: 768px) {
}
```

查一查

媒体查询中还可以设置哪些条件？

3. 调整内容区域的样式，使用 width 样式设置宽度为 720 像素，使用 padding 样式设置左右内边距为 10 像素。

```
.container{
    width: 720px;
    padding-left: 10px;
    padding-right: 10px;
}
```

4. 调整网站的栅格系统，使其能适应 768 像素以下分辨率的设备。

```
.grid-system {
    margin: 0 -10px;
}
.col-md-3, .col-md-4, .col-md-6, .col-md-8, .col-md-9, .col-md-12{
    padding: 0 10px;
}
.col-md-3 {
    width: 25%;
}
.col-md-4 {
    width: 33.333333%;
```

```
}
.col-md-6 {
    width: 50%;
}
.col-md-8 {
    width: 66.666667%;
}
.col-md-9 {
    width: 75%;
}
.col-md-12 {
    width: 100%;
}
```

5. 使用 padding 样式设置每个板块的上下内边距为 60 像素。

```
.area{
    padding: 60px 0;
}
```

6. 因为在 768 像素及以下的情况下，导航栏比较占据空间，影响页面美观，所以可以将导航栏隐藏起来，用侧边栏取代。

7. 在 home.html 文件中的导航栏部分（class 属性值为 "navigator" 的 <div> 标签）加入侧边栏按钮，并且默认状态下隐藏。

```
<a href="#" class="sidebar-menu"><img src="imgs/sidebar-menu.png" alt="sidebar-menu"></a>
.sidebar-menu{
    display: none;
}
```

8. 将导航栏中除了 class 属性值为 "sidebar-menu"（侧边栏按钮）外的剩余 <a> 标签隐藏起来，并显示侧边栏按钮。平板端导航栏完成效果如图 2-4-1 所示。

```
.navigator a:not(.sidebar-menu){
    display: none;
}
.sidebar-menu{
    display: block;
}
```

提示

相关样式代码应写在 "@ media screen and (max-width: 768px){ … }" 的花括号内。

图 2-4-1　平板端导航栏

9. 通过 padding 样式调整 ".banner" 的高度。使用 width 样式将其中的图片宽度改为 220 像素，文字大小改为 18 像素，文本宽度设为 100%。
banner 区域完成效果如图 2-4-2 所示。

```
.banner{
    padding: 160px 0 100px 0;
}
.banner img{
    width: 220px;
}
.head-description{
    font-size: 18px;
    width: 100%;
}
```

图 2-4-2　banner 区域

10. 使用 Flex 样式调整博物馆板块左右两块区域的宽度，左半部分 ".museum-left" 为 300 像素，右半部分 ".museum-right" 为 400 像素。将 text-align 样式设置为 "center"，使内容居中显示。

查一查

text-align 样式还可以设置哪些值？

```
.museum-left{
    flex: 300px;
}
.museum-right {
    flex: 400px;
    text-align: center;
}
```

11. 将博物馆板块内左侧内容区域的内边距调整为 20 像素。博物馆详情区域完成效果如图 2-4-3 所示。

```
.museum-content{
    padding: 20px;
}
```

图 2-4-3 博物馆详情区域

12. 如图 2-4-4 所示，使用 margin-bottom 样式将每个板块的标题与内容之间的间距设置为 30 像素。

```
.title{
    margin-bottom: 30px;
}
```

图 2-4-4 博物馆标题

想一想

结合代码和效果，想一想：该布局发生了哪些变化？

13. 为活动列表中除了主要活动外的所有活动添加 30 像素的向上外边距，并将其中第一个活动的外边距设置为 0。活动列表完成效果如图 2-4-5 和图 2-4-6 所示。

```
.event-info-box{
    margin: 30px 0 0;
}
.events-left-event .event-info-box:first-of-type{
    margin: 0;
}
```

图 2-4-5 活动列表 1

图 2-4-6　活动列表 2

14. 将每条新闻的上下内边距调整为 30 像素，并将第一条新闻的上方内边距设置为 0。新闻区域完成效果如图 2-4-7 所示。

```
.new-info{
    padding: 30px 0;
}
.new-info-first {
    padding-top: 0;
}
```

说一说

内边距和外边距的设置是否会发生冲突？

图 2-4-7　新闻区域完成效果图

活动二：网站首页手机端制作

1. 使用 @media 媒体查询设置分辨率为 480 像素以下时的样式。

```
@media screen and (max-width: 480px) {
}
```

2. 调整内容区域的样式，使用 width 样式将宽度设置为 480 像素，使用 padding 样式将左右内边距设置为 5 像素。

```
.container{
    width: 480px;
    padding-left: 5px;
    padding-right: 5px;
}
```

3. 调整网站的栅格系统，使其适用于 480 像素以下。活动区域完成效果如图 2-4-8 所示。

想—想

在未设置
padding 属性值
的情况下，哪
些元素具有默
认值？

```
.grid-system {
    margin: 0 -5px;
}
.col-sm-3, .col-sm-4, .col-sm-6, .col-sm-8, .col-sm-9, .col-sm-12{
    padding: 0 5px;
}
.col-sm-3 {
    width: 25%;
}
.col-sm-4 {
    width: 33.333333%;
}
.col-sm-6 {
    width: 50%;
}
.col-sm-8 {
    width: 66.666667%;
}
.col-sm-9 {
    width: 75%;
}
.col-sm-12 {
    width: 100%;
}
```

图 2-4-8　活动区域

4. 使用 padding 样式将每个板块的上下内边距设置为 40 像素。

```
.area{
    padding: 40px 0;
}
```

5. 将头部区域内 logo 的宽度调整为 350 像素。手机端导航栏完成效果如图 2-4-9 所示。

查一查

CSS 子元素选择器的用法有哪些？

```
.head-box>img{
    width: 350px;
}
```

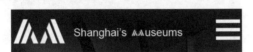

图 2-4-9 手机端导航栏

6. 如图 2-4-10 所示，将 ".head-main-description" 中的文字大小改为 36 像素，再将 ".head-description" 中的文字大小改为 16 像素。

```
.head-main-description{
    font-size: 36px;
    }
.head-description{
    font-size:16px;
}
```

图 2-4-10　banner 区域

查一查

flex-direction 样式的值有哪些？

7. 使用 flex-direction 样式调整博物馆板块的排列方式，改为 column（纵向排列）。博物馆区域完成效果如图 2-4-11 和图 2-4-12 所示。

```
.museum{
    flex-direction: column;
}
```

图 2-4-11　博物馆介绍

图 2-4-12　博物馆图片

8. 将博物馆板块的按钮区域与文字之间的间距调整为 50 像素。

```
.museum-button-box{
    margin-top: 50px;
}
```

想一想

从平板端到手机端，页面中的哪些内容发生了变化？

9. 使用 flex-direction 样式调整新闻板块中每条新闻内容的排列方式，改为 column-reverse（纵向反向排列），图片在上。新闻区域完成效果图 2-4-13 所示。

```
.new-info{
    flex-direction: column-reverse;
}
```

说一说

flex-direction 的参数值有哪些？

注意事项

通过更改 flex-direction 样式的值，可以设置弹性元素的排列方向。

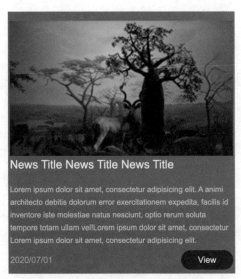

图 2-4-13　新闻区域完成效果图

根据世赛相关评分要求，本任务的评分标准如表 2-4-1 所示。

表 2-4-1　任务评价表

序号	评价项目	评分标准	分值	得分
1	网站首页平板端与设计图一致	与设计图一致，无明显错误。每项错误或遗漏，扣除 10 分，扣完为止	30	
2	网站首页平板端无破版	布局合理，且无破版。每项错误或遗漏，扣除 5 分，扣完为止	20	
3	网站首页手机端与设计图一致	手机端页面的布局破版混乱（0 分）； 手机端页面大部分能符合设计图，仍有小部分缺失（10 分）； 手机端页面大部分能符合设计图，有小部分制作不良（20 分）； 手机端页面完全符合设计图（30 分）	30	
4	网站首页手机端无破版	布局合理，且无破版。每项错误或遗漏，扣除 5 分，扣完为止	20	

 拓展学习

通过本任务的学习，你已经初步了解 viewport 和媒体查询，接下来可以深入了解这两项内容。

表 2–4–2　viewport 的值

查一查

viewport 视口对于网页响应式布局起到了哪些作用？

值	描述
width	定义视口的宽度，单位为像素
height	定义视口的高度，单位为像素
initial-scale	定义初始缩放值
minimum-scale	定义缩小最小比例，它必须小于或等于 maximum-scale 设置
maximum-scale	定义放大最大比例，它必须大于或等于 minimum-scale 设置
user-scalable	定义是否允许用户手动缩放页面，默认值为 yes

表 2–4–3　媒体查询的值

值	描述
aspect-ratio	定义输出设备中的页面可见区域宽度与高度的比率
color	定义输出设备中每一组彩色元件的位数。如果不是彩色设备，则值等于 0
color-index	定义输出设备的彩色查询表中的条目数。如果没有使用彩色查询表，则值等于 0
device-aspect-ratio	定义输出设备的屏幕可见宽度与高度的比率
device-height	定义输出设备的屏幕可见高度
device-width	定义输出设备的屏幕可见宽度
grid	用来查询输出设备是否使用栅格或点阵
height	定义输出设备中的页面可见区域高度
max-aspect-ratio	定义输出设备中的页面可见区域宽度与高度的最大比率
max-color	定义输出设备中每一组彩色元件的最大位数
max-color-index	定义输出设备的彩色查询表中的最大条目数

（续表）

值	描述
max-device-aspect-ratio	定义输出设备的屏幕可见宽度与高度的最大比率
max-device-height	定义输出设备的屏幕最大可见高度
max-device-width	定义输出设备的屏幕最大可见宽度
max-height	定义输出设备中的页面最大可见区域高度
max-monochrome	定义在一个单色框架缓冲区中每个像素包含的最大单色元件位数
max-resolution	定义输出设备的最大分辨率
max-width	定义输出设备中的页面最大可见区域宽度
min-aspect-ratio	定义输出设备中的页面可见区域宽度与高度的最小比率
min-color	定义输出设备中每一组彩色元件的最小位数
min-color-index	定义输出设备的彩色查询表中的最小条目数
min-device-aspect-ratio	定义输出设备的屏幕可见宽度与高度的最小比率
min-device-width	定义输出设备的屏幕最小可见宽度
min-device-height	定义输出设备的屏幕最小可见高度
min-height	定义输出设备中的页面最小可见区域高度
min-monochrome	定义在一个单色框架缓冲区中每个像素包含的最小单色元件位数
min-resolution	定义输出设备的最小分辨率
min-width	定义输出设备中的页面最小可见区域宽度
monochrome	定义在一个单色框架缓冲区中每个像素包含的单色元件位数。如果不是单色设备，则值等于0
orientation	定义输出设备中的页面可见区域高度是否大于或等于宽度
resolution	定义输出设备的分辨率，如96dpi、300dpi、118dpcm
scan	定义电视类设备的扫描工序
width	定义输出设备中的页面可见区域宽度

想一想

媒体查询中，哪些值是经常使用的？

一、思考题

1. 除了制作响应式页面外，还有哪些方法可以让页面适配移动端？

2. 如果项目足够复杂，要如何实现项目工程化并进行版本控制？

二、技能训练题

1. 请完成剩余页面的平板端和手机端重构。

2. 请尝试继续为网站添加不同分辨率下的样式，使网站能兼容更多的分辨率，解决不同分辨率下的版式破坏问题。

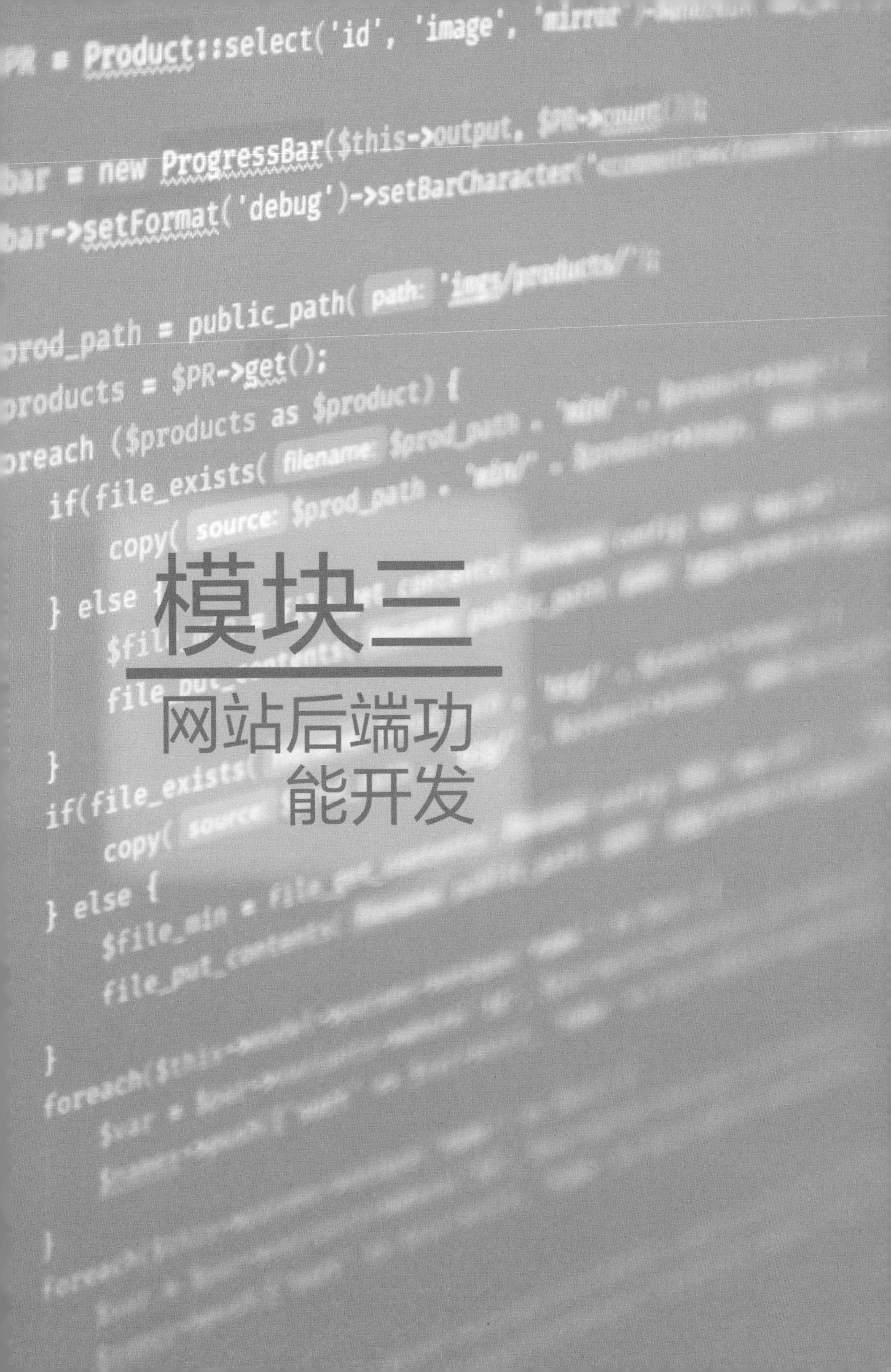

模块三

网站后端功能开发

网站的后端功能基于服务器为用户提供服务。开发人员需要掌握网络配置和硬件设备的操作方法，需要具备丰富的技术储备，比如，并发、业务架构、数据库、流行框架、性能调优、分布式计算、集群架构、容灾、安全、运维等。

本教材涉及的网站后端功能开发是依据世赛网站开发与设计项目考核范围编制的，主要开发使用 PHP 及开发框架 Laravel，配套运行的数据库则为 MySQL。在开发后端 API 功能时，因为没有前端业务界面，所以需要使用相应的测试工具（Postman）进行调试。

在本模块中，你将通过以下任务开展学习：在任务 1 中，学习如何搭建后端开发环境，并通过编写符合标准的 PHP 文件来制作基础后端功能页面；在任务 2 中，通过制作网站的注册和登录页面来学习如何使用 MySQL 数据库；在任务 3 中，通过学习 Laravel 框架并结合六个活动来掌握后端 API 开发的方法与技巧。本模块中所使用的部分工具和框架如图 3-0-1、3-0-2、3-0-3 所示。

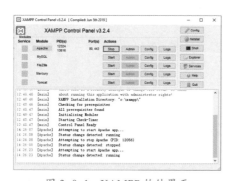

图 3-0-1　XAMPP 软件界面

图 3-0-2　Laravel 默认页面

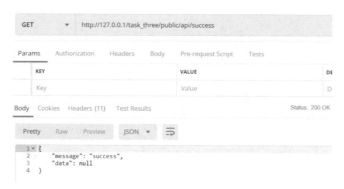

图 3-0-3　Postman 接口调试

任务 1 使用 PHP 开发后端功能

 **学习目标**

1. 能熟练使用网站后端服务器软件。
2. 能掌握后端编写语言 PHP 的基本语法。
3. 能较好地理解动态网页的基本概念。
4. 能编写符合 PSR 标准的 PHP 文件。
5. 能独立制作并维护简单的 PHP 应用。

 **情景任务**

在之前的模块学习中,你已经掌握了页面重构的方法,通过该方法可以将网页的设计图重构成静态页面。如今,单纯的静态页面已经不能满足大多数行业的基本要求。因此,本任务将要带领你学习 PHP 技术,使用 PHP 代码实现网站的基础认证系统,完成用户登录、用户注册等功能。

提示

请查阅并思考 PHP 属于哪种语言,它是如何运行的。

思路与方法

一个由 HTML、CSS、JavaScript 组成的前端静态页面是基于客户端浏览器运行的,这样的页面功能具有明显的局限性,用户无法向网站所有者传递数据。因此,需要通过后端功能的开发,来为用户提供更多的服务。这就需要选择一门后端语言,为网站搭建一个前端界面与后端数据库连接的桥梁。现在,有许多后端开发技术与语言,比如,Java、Asp.net、PHP、Python 等。世赛网站设计与开发项目通常要求选手使用 PHP 语言完成后端功能的开发。

在开始制作之前,你需要先学习 Apache 与 PHP 的集成运行环境(XAMPP)的安装及使用,随后需要掌握 PHP 的基本语法、数据类型与编码规范,以便完成网站基础认证系统。通过本任务的学习,你可以了解并掌握 PHP 的基本概念。

一、PHP 具有哪些特点？

PHP（PHP: Hypertext Preprocessor）是超文本预处理器的字母缩写，是一种被广泛应用的开放源代码的多用途脚本语言。它可以嵌入 HTML 中，尤其适合 Web 开发。

PHP 语法学习了 C 语言，通过吸纳 Java 和 Perl 等多个语言的特点来形成自己的特色语法，并根据它们的长项持续改进和提升自己，例如，在 PHP 中吸纳 Java 的面向对象编程，该语言最初创建的主要目标是让开发人员快速实现优质的网站编码。

二、如何快速搭建 PHP 运行环境？

PHP 作为一个在服务器端执行的脚本语言，需要在相应的运行环境中工作。为了快速搭建 PHP 开发所需要使用的运行环境，需要使用 XAMPP 软件。

XAMPP 是一个功能强大的建站集成软件包，其内置了 PHP 运行环境、Apache（Web 服务器软件）、MySQL（数据库）等 PHP 开发中常用的环境。

提示

XAMPP 的安装与使用参考本任务的活动一。

三、如何正确使用 PHP？

PHP 的文件扩展名为".php"，文件内容以"<?php"开始，以"?>"结尾，每一条语句以";"结尾。

在只包含 PHP 代码的".php"文件中可以省略结束标签"?>"。PHP 文件中的每行最多不超过 80 个字符，大于 80 个字符就应该换行；每行仅有一条语句且不可有空格，代码应当使用四个空格符进行缩进。

四、如何正确声明 PHP 变量？

PHP 变量必须以"$"开头，后面紧跟着变量名称。变量名称必须以字母或下划线开头，名称中可以包含字母、数字、下划线。同时，需要注意 PHP 对变量名称的大小写较为敏感。

PHP 是一个弱类型语言，变量声明时无须明确数据类型，在变量赋值后可以自动明确相应的数据类型。

五、PHP 中常用的数据类型有哪些？

PHP 支持八种常用的原始数据类型，包括四种标量类型、两种复合类型和两种特殊类型。

- 标量类型：布尔型（boolean）、整型（integer）、浮点型（float）、字符串（string）。
- 复合类型：数组（array）、对象（object）。
- 特殊类型：资源（resource）、空值（null）。

查一查

查一查 PHP 的基本语法。

活动

活动一：使用 XAMPP 启动 Apache 服务

1. 打开安装完成后的 **XAMPP** 软件，软件界面如图 3-1-1 所示。

查一查

XAMPP 软件中 "Module" 列出的应用分别是什么？

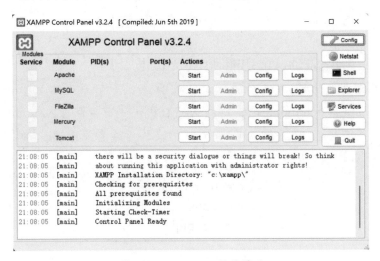

图 3-1-1　XAMPP 软件界面

2. 点击 Apache 标题后的 "**Start**" 按钮运行 Apache 服务。Apache 服务启动成功显示效果如图 3-1-2 所示。

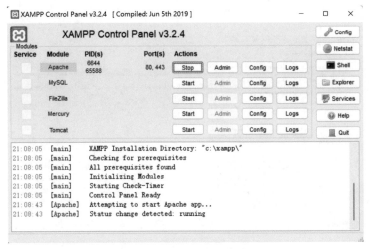

图 3-1-2　Apache 服务启动成功

129

想一想

为什么可以通过 127.0.0.1 地址打开页面？

3. 如图 3-1-3 所示，在浏览器地址栏中输入 "http://127.0.0.1"，显示如下页面，表示运行成功。

图 3-1-3　Apache 服务默认首页

活动二：网站基础认证功能制作（无数据库）

1. 使用 PhpStorm 将登录及注册表单任务中完成的 login.html、register.html、common.css 复制到 XAMPP 软件安装目录内的 htdocs 目录下，并将 login.html 和 regsiter.html 的文件后缀名改为 php。修改后效果如图 3-1-4 所示。

图 3-1-4　修改文件后缀

想一想

form 表单的主要作用是什么？

2. 如图 3-1-5 所示，在 login 页面和 register 页面的代码外层增加 <form> 标签创建表单，并将 <form> 标签中 action 属性值设置为本页面文件名（如 "register.php"），以此代表该表单提交后请求的地址，再将 method 属性值设置为 "post"。

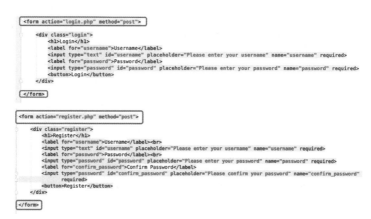

图 3-1-5　使用 form 表单

```
<form action="login.php" method="post"> </form>
<form action="register.php" method="post"> </form>
```

3. 为了保证 PHP 能够获取前端发送的数据，就需要在每一个 <input> 标签上设置 name 属性和 required 属性，其中 name 代表数据的名称，required 代表该输入框为必填项。完成效果如图 3-1-6 所示。

图 3-1-6　设置 <input> 标签属性

想一想

表单元素中还可以设置哪些属性？

4. 如图 3-1-7 所示，在 login.php 页面中编写以下 PHP 代码。

```php
<?php
    $username = $_POST['username'] ?? null;

    $password = $_POST['password'] ?? null;

    if ($username === 'admin' && $password === 'admin') {

        echo '<script>alert("Login Success!");</script>';

    } else if ($username && $password) {

        echo '<script>alert("Username or Password is failed!");</script>';

    }

?>
```

图 3-1-7　获取 POST 值并判断用户名及密码

想一想

使用 echo 打印输出内容时，需要注意什么？

```php
<?php
    $username = $_POST['username'] ?? null; // 获取提交的用户名信息
    $password = $_POST['password'] ?? null; // 获取提交的密码信息
    if ($username==='admin' && $password==='admin'){
    // 判断用户名和密码是否正确
```

提示

使用 echo 打印输出内容时，只能输出字符串类型的数据。

```
        echo '<script>alert("Login Success!"); </script>'; // 提示登录成功
    }else if($username && $password){
    // 判断用户名和密码是否为空
        echo '<script>alert("Username or Password is failed!");</script>'; // 提示登录失败
    }
?>
```

5. 如图 3-1-8 所示，在 register.php 页面中编写以下 PHP 代码。

```
<head>
    <meta charset="UTF-8">
    <title>Title</title>
    <link rel="stylesheet" type="text/css" href="common.css">

    <?php

    $username = $_POST['username'] ?? null;

    $password = $_POST['password'] ?? null;

    $confirm_password = $_POST['confirm_password'] ?? null;

    if ($username && $password && $confirm_password) {
        // 判断密码与确认密码是否相同
        if ($password === $confirm_password) {

            echo '<script>alert("Register Success!")</script>';

        } else {

            echo '<script>alert("Confirm password is failed!")</script>';
        }

    } else {

        echo '<script>alert("Register Error!")</script>';

    }

    ?>

</head>
```

图 3-1-8　在 PHP 代码中添加重复页面验证逻辑

想一想

还有哪些方法可以判断 password 变量是否为空？

```
<?php
  $username = $_POST['username'] ?? null; // 获取提交的用户名数据
  $password = $_POST['password'] ?? null; // 获取提交的密码数据
  $confirm_password = $_POST['confirm_password'] ?? null; // 获取提交的密码确认数据
  if ($username && $password && $confirm_password) {
    // 判断密码与确认密码是否相同
    if ($password === $confirm_password) {
      // 提示注册成功
      echo '<script>alert("Register Success!")</script>';
    } else { // 如果密码与确认密码不相同
      // 提示确认密码失败
      echo '<script>alert("Confirm password is failed!")</script>';
    }
  } else { // 如果用户名、密码及确认密码其中一个变量存在空值
    // 提示注册失败
    echo '<script>alert("Register Error!")</script>';
  }
  ?>
```

活动三：网站效果演示

1. 通过完成活动二，实现了网站的基础认证系统。在本活动中，需要完成对实现效果的演示。如图 3-1-9 所示，首先进入登录界面，在用户名和密码的输入框中填入 "admin"，点击 "Login" 按钮。

想一想

判断登录成功和失败的核心逻辑是什么？

图 3-1-9　输入用户名及密码

页面提示 "Login Success!" 表示登录成功。登录成功提示框效果如图 3-1-10 所示。

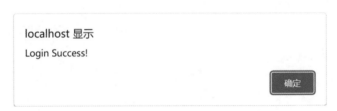

图 3-1-10　登录成功提示框

2. 在用户名和密码的输入框中填入 "error"，点击 "Login" 按钮。页面提示如图 3-1-11 所示，表示用户名或者密码错误。

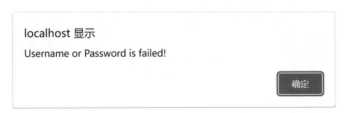

图 3-1-11　登录失败提示框

3. 如图 3-1-12 所示，进入注册页面，在用户名、密码及确认密码的输入框中输入 "test"，点击 "Register" 按钮。

想一想

如何实现多用户的注册和登录功能?

图 3-1-12　注册用户

页面提示 "Register Success!" 表示注册成功。注册成功提示框效果如图 3-1-13 所示。

图 3-1-13　注册成功提示框

4. 将确认密码输入框中的值改为 "test1", 点击 "Register" 按钮。页面提示如图 3-1-14 所示, 表示 "确认密码" 字段错误。

图 3-1-14　注册失败提示框

总结评价

根据世赛相关评分要求, 本任务的评分标准如表 3-1-1 所示。

表 3-1-1 任务评价表

序号	评价项目	评分标准	分值	得分
1	登录页面	如果输入的账号和密码正确, 就会提示登录成功, 否则提示登录失败。每项错误或遗漏, 扣除 10 分, 扣完为止	30	
2	注册页面	如果输入的密码与确认密码相同, 就会提示注册成功, 否则提示注册失败。每项错误或遗漏, 扣除 10 分, 扣完为止	30	
3	符合 PSR 标准规范	语法存在错误, 没有缩进(0 分); 语法规范, 存在缩进, 但层级关系有明显错误(7 分); 语法规范, 存在合理层级关系的缩进, 存在少量其他类型的错误(14 分); 符合 PSR 标准规范(20 分)	20	
4	代码风格优美	代码不具备段落感(0 分); 代码具有一些段落感, 但没有注释(3 分); 代码段落感良好, 注释稀少不完整(6 分); 代码具有明显的段落感, 风格优美, 注释完善(10 分)	10	
5	符合英文网站规范	不符合英文网站规范(0 分); 试图针对英文网站进行优化, 但不明显(3 分); 基于英文网站逻辑进行制作, 但存在一些错误(6 分); 符合英文网站规范(10 分)	10	

 拓展学习

PSR 标准规范

通过本任务的学习, 你已经掌握了基础的 PHP 后端页面制作, 那么你了解什么是 PSR 标准规范吗?

PSR 是 PHP Standard Recommendations 的简称, 是指由 PHP FIG 组织制定的 PHP 规范, 是 PHP 开发的实践标准。

PHP FIG 由几位开源框架的开发者成立于 2009 年, 随后也吸收了很多其他成员(包括但不限于 Laravel、Composer、Slim、Symfony 等)。它虽然不是官方组织, 但也代表了大部分的 PHP 社区。

其目的在于通过框架作者或者框架代表之间的讨论, 以最低程度的限制, 制定一个协作标准, 各个框架遵循统一的编码规范, 避免各自发展的风格阻碍 PHP 的发展。

目前表决通过的多套标准已得到大部分 PHP 框架的支持和认可，目前使用的 PHP 框架都遵循其中的一些标准，如表 3-1-2 所示。

表 3-1-2　PSR 标准规范

规范	名称	备注
PSR-0	自动加载规范	已弃用，PSR-4 替代
PSR-1	基础编码规范	制定代码基本元素的相关标准，确保共享的 PHP 代码间具有较高程度的技术互通性
PSR-2	编码风格规范	PSR-1 基础编码规范的继承与扩展，减少因代码风格的不同而造成的不便
PSR-3	日志接口规范	日志类库的通用接口规范，让日志类库以简单通用的方式记录日志信息
PSR-4	自动加载规范	描述从文件路径中自动加载类的规范
PSR-6	缓存接口规范	通用的缓存接口规范，便于整合到现有框架和系统中
PSR-7	HTTP 消息接口规范	描述 HTTP 消息传递的接口规范
PSR-11	容器接口	描述依赖注入容器的通用接口规范
PSR-12	编码规范扩充	继承、扩展和替换 PSR-2，遵守 PSR-1 基础编码规范
PSR-13	超媒体链接	提供一种简单的、通用的方式来表示一个独立于所使用的序列化格式的超媒体链接
PSR-14	事件分发器	用于调度和处理事件的通用接口规范
PSR-15	HTTP 请求处理器	HTTP 服务器的请求处理程序（请求处理器）和 HTTP 服务器的中间组件（中间件）的常用接口规范
PSR-16	缓存接口	描述一个简单也易扩展的接口规范，针对缓存项目和缓存驱动
PSR-17	HTTP 工厂	描述创建符合 PSR-7 规范的 HTTP 对象的工厂通用标准
PSR-18	HTTP 客户端	描述发送 HTTP 请求和接收 HTTP 响应的共同接口规范

想一想

PSR 标准规范对 PHP 发展和推广的作用是什么？

一、思考题

    1. PHP8 的新特性有哪些，分别有什么作用？

    2. 为什么 PHP 文件能通过 Apache 服务器进行远程访问？

    3. PHP 语言与 C 语言之间存在什么关系？

二、技能训练题

    1. 尝试使用 PHP 中的 header 函数更改 HTTP 头。

    2. 尝试总结 PHP 关键字的具体用法。

任务 2 MySQL 数据库操作

 学习目标

1. 能熟练编写 SQL 语句。
2. 能熟练使用 phpMyAdmin 对数据库进行管理。
3. 能熟练使用 PHP 实现数据库的增、删、改、查功能。
4. 能根据需求,完成基础认证系统的编码开发。
5. 能独立制作并维护小型的动态网站。

 情景任务

提示

请查阅资料,了解为什么 PHP 通常和 MySQL 搭配使用。

通过上一个任务的学习,你已经掌握了基础认证系统的制作方法,并完成了一个单账号验证的登录功能。本任务将要带领你学习 MySQL 操作技术,使用 PHP 代码连接 MySQL 数据库,实现网站的动态认证系统,并进一步完善用户登录、注册功能。

 思路与方法

数据库是网站的数据仓储中心,保存着支撑众多业务的重要秘密和数据。它可以存储网站用户在网站运行过程中涉及的数据,是网站多功能安全运行的基础。常见的数据库有 MySQL、Oracle、SQL Server、SQLite 等,其中 MySQL 具有性能好、跨平台的特点,因此较受欢迎。在开始使用之前,你需要先了解 MySQL 数据库及其管理工具的使用方法,然后使用 PHP 实现数据库数据的增、删、改、查功能。

一、MySQL 数据库有哪些特点?

MySQL 是目前最流行的关系型数据库管理系统之一。由于它体积小、速度快、成本低,尤其是源码开放这一特点,一般中小型网站的开发都会选择 MySQL 作为数据库。

二、如何便捷地管理 MySQL 数据库？

在 XAMPP 集成环境中，其自带的 phpMyAdmin 可以帮助开发人员便捷地管理 MySQL 数据库。phpMyAdmin 是以 PHP 语言为基础而开发的一款 MySQL 数据库管理工具。开发人员通常使用浏览器的方式访问 phpMyAdmin 工具，并对数据库进行管理，如管理数据库、表、列、关系、索引、用户、权限等。

说一说

是否还有其他工具可以用来管理 MySQL 数据库？

三、使用数据库能为网站提供什么帮助？

数据库就像是网站的数据仓库，解决了网站在存储或处理大量数据时的数据组织问题，能让网站更加高效地处理大量数据。

搭建网站时使用数据库，能通过构建代码的方式快速查询数据。相比于将数据存储在文件中，这样能减轻开发人员管理文件及处理数据的工作量，大大提高了运行效率。

四、如何使用 PHP 连接 MySQL？

使用 PHP 连接数据库，首先需要知晓数据库的连接地址、连接端口、连接数据库的用户名及密码、连接的数据库名称；其次需要创建访问数据库的连接。在 PHP 中，连接数据库的功能一般通过 "mysqli_connect()" 函数完成。

查一查

请你查一查 PHP 安全访问数据库的方法。

五、如何提高数据库的安全性？

数据库作为网站数据的仓库，数据安全是非常重要的。开发人员应当定期备份数据库，做好数据库用户管理，不使用弱密码，在 PHP 代码中使用有限权限的账号等。因为不良的代码编写习惯和错误的方法容易导致数据库注入等问题，所以开发人员应当掌握一定的数据库操作常识，以规避数据安全风险。

 活动

活动一：使用 phpMyAdmin 管理数据库

1. 打开 XAMPP，点击 "Apache" 和 "MySQL" 后的 "Start" 按钮，启动 Apache 及 MySQL 服务。服务启动成功效果如图 3-2-1 所示。

Apache 关闭状态下,是否可以连接 MySQL 数据库?

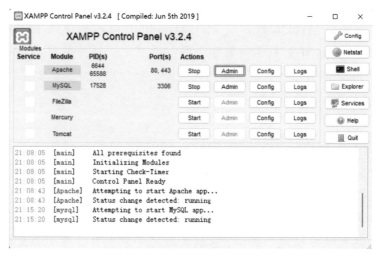

图 3-2-1 Apache 及 MySQL 服务启动成功

2. 点击"MySQL"一行中的"Admin"按钮,打开 phpMyAdmin 管理页面(或在浏览器中输入"http://127.0.0.1/phpmyadmin"),即可进入管理工具首页。MySQL 页面如图 3-2-2 所示。

图 3-2-2 MySQL 页面

3. 如图 3-2-3 所示,点击左侧边栏的"新建"按钮。

图 3-2-3 新建数据库

4. 如图 3-2-4 所示,"新建"按钮被点击后,右侧界面就会跳转至"新建数据库"界面。

提示

数据库名中的英文字母应当是小写。

图 3-2-4　新建数据库界面

5. 如图 3-2-5 所示,在"新建数据库"界面中,先在①处输入框内填写数据库名"user"后,再点击②处的"创建"按钮。

提示

在新建数据库之前,应当做好数据库建设规划。

图 3-2-5　输入数据库名并创建

6. 完成上一步后,会创建出一个新的空数据库(不存在任何数据表)。并且,左侧边栏的数据库列表中会新增"user"一项,右侧界面会自动跳转至"user 数据库管理"界面。页面显示效果如图 3-2-6 所示。

图 3-2-6　user 数据库管理界面

7. 如图 3-2-7 所示，在"user"库管理界面中，先在①处输入框内
填写数据表名"users"后，再点击②处的"创建"按钮。

图 3-2-7　创建数据表

8. 完成执行操作后，右侧界面会跳转至"表创建信息管理"界面。
如图 3-2-8 所示，填写好输入框后，再点击左下角"保存"按钮。

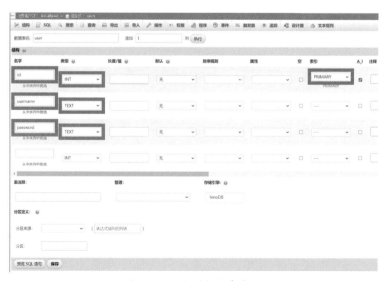

图 3-2-8　新增数据表字段

9. 如图 3-2-9 所示, 表创建信息保存完成后, 左侧边栏的 "user" 库下级会新增名为 "users" 的数据表, 右侧界面会自动跳转至 "users 数据表结构管理" 界面。

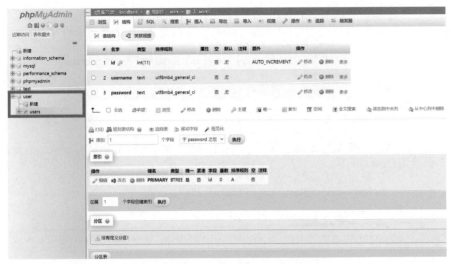

图 3-2-9　users 数据表结构管理界面

活动二: 网站登录功能制作

1. 本任务基于模块三任务 1 中的项目进行完善。文件结构如图 3-2-10 所示。

图 3-2-10　文件结构

2. 如图 3-2-11 所示, 打开 login.php 文件, 删除页面 PHP 代码。

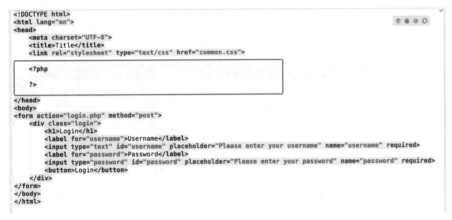

图 3-2-11　删除 PHP 代码

除了判断查询结果大于 0 外，还有其他判断用户名或者密码正确的方法吗？

3. 如图 3-2-12 所示，在 PHP 中插入如下代码。

```php
$username = $_POST['username'] ?? null; // 获取用户名赋值给 username
$password = $_POST['password'] ?? null; // 获取密码赋值给 password
if ($username){ // 判断用户名是否为空
    // 连接数据库
    $db=mysqli_connect('localhost','root','','user') or die (' 数据库未连接 ');
    // 写 sql 语句查询是否有该用户
    $sql = 'SELECT * FROM `users` where `username` = "'.$username.'" and
`password`="'.$password.'"';
    // 查询语句，并将结果赋值给 result
    $result = $db->query($sql);
    // 获取 result 结果数，并赋值给 rows
    $rows=mysqli_num_rows($result);
    // 判断结果数是否大于 0
    if($rows>0){
        // 提示登录成功
        echo '<script>alert("Login Success!");</script>';
    }else{
        // 提示登录失败
        echo '<script>alert("Username or Password is failed!");</script>';
    }
}
```

图 3-2-12　插入 PHP 代码

除了视图化的方式外，是否可以用其他办法添加数据？如何在数据表中批量添加数据？

4. 根据图 3-2-13 中的步骤，按顺序点击①、②后，在③处填入 "user1"，在④处填入 "userpassword"，最后点击⑤处 "执行" 按钮，即可在 users 表中插入一条用户数据。

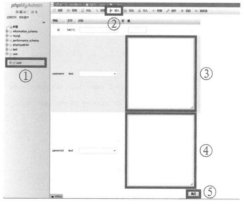

图 3-2-13　为 users 表插入数据

5. 如图 3-2-14 所示，在用户名输入框中输入"user1"，在密码输入框中输入"userpassword"，点击"Login"按钮。

提示

需要把项目文件放置于 XAMPP 的 htdocs 目录下，通过浏览器访问 Http://127.0.0.1/ 目录名称 /login.php 来查看项目。

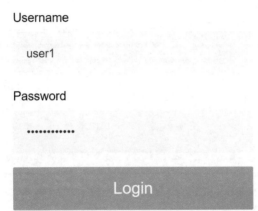

图 3-2-14　登录 user1

页面提示"Login Success!"表示登录成功，该功能运行正常。登录成功提示框效果如图 3-2-15 所示。

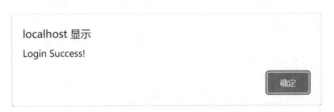

图 3-2-15　登录成功提示框

6. 如果在页面中输入一个数据库中不存在的用户名和密码，点击"Login"按钮，就会提示"Username or Password is failed!"，表示登录失败，该功能运行正常。登录失败提示框效果如图 3-2-16 所示。

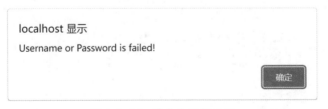

图 3-2-16　登录失败提示框

活动三：网站注册功能制作

1. 如图 3-2-17 所示，打开 register.php 文件，删除页面 PHP 代码。

```
<!DOCTYPE html>
<html lang="en">
<head>
    <meta charset="UTF-8">
    <title>Title</title>
    <link rel="stylesheet" type="text/css" href="common.css">

    <?php

    ?>

</head>
<body>
<form action="register.php" method="post">
    <div class="register">
        <h1>Register</h1>
        <label for="username">Username</label><br>
        <input type="text" id="username" placeholder="Please enter your username" name="username" required>
        <label for="password">Password</label><br>
        <input type="password" id="password" placeholder="Please enter your password" name="password" required>
        <label for="confirm_password">Confirm Password</label>
        <input type="password" id="confirm_password" placeholder="Please confirm your password" name="confirm_password"
               required>
        <button>Register</button>
    </div>
</form>
</body>
</html>
```

图 3-2-17　删除 PHP 代码

想—想

插入语句执行
成功，返回的
值是什么？

2. 如图 3-2-18 所示，在 PHP 中插入如下代码。

```
$username = $_POST['username'] ?? null; // 将输入的用户名赋值给
$username 变量
$password = $_POST['password'] ?? null; // 将输入的密码赋值给 $password
变量
$confirm_password = $_POST['confirm_password'] ?? null; // 将输入的确认
密码赋值给 $confirm_password 变量
// 判断用户名、密码及确认密码是否填写
if ($username && $password && $confirm_password) {
    // 判断密码与确认密码是否相同
    if ($password=== $confirm_password) {
        // 连接数据库
        $db = mysqli_connect("localhost", "root", "", "user") or die(" 数据库未
        连接 ");
        // 编写 sql 插入语句
        $sql = 'INSERT INTO `users` (`id`,`username`,`password`) VALUES
        (NULL ,"' . $username . '","' . $password . '")';
        // 执行 sql 语句并将结果赋值给 $result 变量
        $result = $db->query($sql);
        // 判断 sql 语句是否执行成功
        if ($result) {
            // 提示注册成功
            echo '<script>alert("Register Success!")</script>';
        } else {
            // 提示注册失败
            echo '<script>alert("Register Error!")</script>';
        }
    } else { // 如果密码与确认密码不相同
        // 提示确认密码失败
        echo '<script>alert("Confirm password is failed!")</script>';
    }
} else{ 如果用户名、密码及确认密码其中的一个变量存储在空值
    // 提示注册失败
    echo'<script>alert("Register Error!")</scripts>';
}
```

```
<head>
    <meta charset="UTF-8">
    <title>Title</title>
    <link rel="stylesheet" type="text/css" href="common.css">

    <?php
    $username = $_POST['username'] ?? null; // 将输入的用户名值赋值给$username变量
    $password = $_POST['password'] ?? null; // 将输入的密码赋值给$password变量
    $confirm_password = $_POST['confirm_password'] ?? null; // 将输入的确认密码赋值给$confirm_password变量

    // 判断用户名、密码及确认密码是否填写
    if ($username && $password && $confirm_password) {
        // 判断密码与确认密码是否相同
        if ($password === $confirm_password) {
            // 连接数据库
            $db = mysqli_connect("localhost", "root", "", "user") or die("数据库未连接");
            // 编写sql语句
            $sql = 'INSERT INTO `users` (`id`,`username`,`password`) VALUES (NULL ,"' . $username . '","' . $password . '")';
            // 执行sql语句并将结果赋值给$result变量
            $result = $db->query($sql);
            // 判断sql语句是否执行成功
            if ($result) {
                // 提示注册成功
                echo '<script>alert("Register Success!")</script>';
            } else {
                // 提示注册失败
                echo '<script>alert("Register Error!")</script>';
            }
        } else { // 如果密码与确认密码不相同
            // 提示确认密码失败
            echo '<script>alert("Confirm password is failed!")</script>';
        }
    } else { // 如果用户名、密码及确认密码其中一个变量存在空值
        // 提示注册失败
        echo '<script>alert("Register Error!")</script>';
    }

    ?>
</head>
```

图 3-2-18　插入 PHP 代码

注意事项

"$_POST['username'] ?? null" 等同于 "isset($_POST['username']) ? $_POST['username'] : null"。

3. 如图 3-2-19 所示，上一步完成后，在页面中输入用户名、密码以及和密码相同的确认密码，点击"Register"按钮。

想一想

要想实现注册功能，是否需要在数据库中插入新数据？

图 3-2-19　注册 user2 账户

页面提示"Register Success!"表示注册成功，该功能运行正常。注册成功提示框如图 3-2-20 所示。

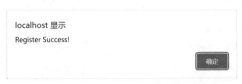

图 3-2-20　注册成功提示框

147

想一想

如何用代码查询对应的数据记录是否存在?

4. 如图 3-2-21 所示，打开 phpMyAdmin，根据下图中的步骤操作，按顺序点击①、②后，查看③处是否显示注册时填入的信息，若存在则表示功能正常。

图 3-2-21　确认功能是否正常

5. 在注册页面中，将密码与确认密码输入框中的值改成不相同的数据，点击"Register"按钮。如果页面提示如图 3-2-22 所示，就表示"确认密码"字段错误。

图 3-2-22　确认密码与密码不匹配

根据世赛相关评分要求，本任务的评分标准如表 3-2-1 所示。

表 3-2-1　任务评价表

序号	评价项目	评分标准	分值	得分
1	登录页面	如果输入的账号密码正确，就会提示登录成功，否则提示登录失败。每项错误或遗漏，扣除 10 分，扣完为止	30	
2	注册页面	如果输入的密码与确认密码相同，就会把输入的数据插入数据库中，并提示注册成功，否则提示注册失败。每项错误或遗漏，扣除 10 分，扣完为止	30	
3	代码风格优美	代码不具备段落感（0 分）； 代码具有一些段落感，但没有注释（7 分）； 代码段落感良好，注释稀少不完整（14 分）； 代码具有明显的段落感，风格优美，注释完善（20 分）	20	

（续表）

序号	评价项目	评分标准	分值	得分
4	符合英文网站规范	不符合英文网站规范（0分）； 试图针对英文网站进行优化，但不明显（7分）； 基于英文网站逻辑进行制作，但存在一些错误（14分）； 符合英文网站规范（20分）	20	

 拓展学习

通过本任务的学习，不仅能掌握基础的 MySQL 使用方法及 phpMyAdmin 使用方法，还能学会如何使用 PHP 连接数据库进行操作。那么，你是否了解数据库注入攻击和如何避免注入攻击？

一、什么是 SQL 注入

SQL 注入是指通过把 SQL 命令插入 Web 表单中递交或输入域名、页面请求的查询字符串，最终欺骗服务器并执行恶意的 SQL 命令。

二、如何避免 SQL 注入

查询条件尽量使用数组方式，这是更为安全的方式。如果不得已必须使用字符串查询条件，就要先使用预处理机制，识别和处理字符串中可能恶意注入的内容；再使用自动验证和自动完成机制进行针对应用的自定义过滤。如果环境允许，尽量使用 PDO 方式，并使用参数绑定。

 思考与练习

一、思考题

1. 如果要防止数据库被攻击，需要注意哪些问题？

2. 如何优化 SQL 代码，以便提高数据增、删、改、查的效率？

3. PHP 中 PDO 与 MySQLi 对象有什么区别？

二、技能训练题

1. 使用 phpMyAdmin 管理工具生成数据库关系图表。

2. 使用 PHP 编写一个简单的数据库管理工具。

任务 3　网站 API 开发

 学习目标

1. 能理解 MVC 的相关概念。
2. 能熟练搭建 Laravel 框架。
3. 能熟练开发并测试 RESTful API。
4. 能较好地完成后端的鉴权功能。
5. 能独立制作并维护基于 Laravel 框架的 PHP 应用。
6. 能根据用户需求，实现功能并优化。

 情景任务

提示

查阅资料，了解使用和不使用 MVC 设计架构的差异。

　　Suni Restaurant 是一家意式风格的高级餐厅，该餐厅因高品质的服务而知名。随着餐厅人气的提高，就餐排队已经不可避免。为了解决客户排队难题，优化桌位管理，餐厅管理者希望开发一套集取号排队、桌位管理与用餐结账于一体的餐厅管理系统。在本任务中，你需要使用 PHP 语言为该网站创建 API。

 思路与方法

　　要想实现复杂业务逻辑功能网站，就要在项目设计时兼顾易维护、高可靠、协同开发等特点。使用 API 实现网站后端功能，可以进一步提升网站的可扩展性，完成更为复杂的业务需求。在开始制作之前，你要了解本任务需要开发的 API 接口和要求，然后学习正确安装与配置 Laravel 框架，掌握如何使用 Laravel 的 Artisan（命令）、Route（路由）、Controller（控制器）、Middleware（中间件）、Eloquent ORM（Object Relational Mapping，对象关系映射）、Migration（数据迁移）等功能，为餐厅管理系统后端 API 的开发做好准备。

一、本任务需要实现哪些 API 接口？

用户认证：

1. 登录 API（/api/auth/login）；

2. 登出 API（/api/auth/logout）。

用户管理：

1. 获取所有用户 API（/api/user）；

2. 创建用户 API（/api/user）；

3. 删除指定用户 API（/api/user/{id}）。

桌位管理：

1. 获取所有桌位 API（/api/table）；

2. 创建桌位 API（/api/table）；

3. 删除桌位 API（/api/table/{id}）；

4. 获取所有用餐中的桌位信息 API（/api/table/distribution）；

5. 分配桌位用餐 API（/api/table/distribute/table/{table_id}/queue/{queue_id}）。

取号管理：

1. 获取所有未用餐队列号 API（/api/queue）；

2. 取号 API（/api/queue）。

订单管理：

1. 获取所有订单 API（/api/bill）；

2. 生成订单 API（/api/bill）（结账）。

二、什么是网站 API？

网站 API 是网站的应用程序接口，通过预先定义的接口，为网站前端页面与后端服务器之间的数据交互提供一条重要通道。

网站前端通过 HTTP 请求访问 API，传递相应的数据；后端通过请求，处理前端提供的数据，处理完成后将"响应"传回前端，并传递相关信息。

三、如何提高 PHP 开发效率？

选用合适需求的 PHP Web 框架开发网站，可以显著地提高开发效率。PHP 框架通常是由某开发人员或某开发团队基于 PHP 等语言开发并用于快速搭建网站的工具。

通过使用 Web 框架，开发人员可以快速地实现网站 API 接口、数据库操作、用户权限验证等，免去大量的 PHP 代码编写工作。

想一想

除了 Laravel 框架外，还有哪些主流的 PHP 框架？

四、Laravel 框架有哪些特点?

Laravel 是一套设计简洁、语法优雅的 PHP Web 开发框架,包括 Route(路由)、Controller(控制器)、Middleware(中间件)、Eloquent ORM、Migration(数据迁移)等功能,能让开发人员以优雅的写法更加快速地开发 Web API。

如图 3-3-1 所示,在 Laravel 框架中,你能看到以下目录及文件(仅标注该项目需要用到的目录及文件)。

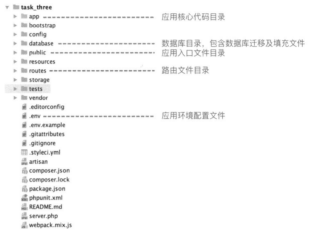

图 3-3-1　Laravel 框架目录及文件

五、Laravel 中的 Artisan 有什么作用?

Artisan 是 Laravel 自带的命令行接口。在使用 Laravel 框架进行项目开发时,Artisan 命令会被频繁使用,例如,创建控制器、模型,执行迁移等。所以,在项目的开始,你需要测试 Artisan 功能是否能正常使用。在 Laravel 项目根目录 CMD 中输入 `php artisan` 命令,若返回 Artisan 目录,即表示 Artisan 可使用。如果无法正常使用,应先查看计算机是否设置 PHP 系统环境变量,再查看 Laravel 框架根目录是否缺少"Artisan"文件。

如图 3-3-2 所示,在 CMD 中输入 `php -v` 命令,查看 PHP 环境变量是否配置成功,显示下图信息则表示配置成功。

```
→  ~ php -v
PHP 7.3.2 (cli) (built: Feb 12 2019 03:11:57) ( NTS )
Copyright (c) 1997-2018 The PHP Group
Zend Engine v3.3.2, Copyright (c) 1998-2018 Zend Technologies
```

图 3-3-2　PHP 环境变量配置成功

六、Laravel 中的 Route 有什么作用?

当 Laravel 接收到 HTTP 请求后,Route 会将请求的 URI(Uniform Resource Identifier,简称 URI)与定义在路由文件中的 URI 进行匹配,

并执行相应路由上绑定的功能。路由文件默认存放在框架根目录的"Routes"文件夹中。

查一查

什么是匿名函数?

```
1. /* Route:: 请求方法 (uri 地址 , 执行的函数 ( 闭包或控制器方法 )); */
2. Route::get('hello', function () {
3.     return 'hello world';
4. });
```

如上代码,在"routes/api.php"文件中定义了一个最基本的路由。

假设定义 {API 项目 URI} 为"http:// 服务器地址 / 框架目录 / public/api",则可以通过在浏览器地址栏中输入"{API 项目 URI}/hello"访问该路由。路由访问显示效果如图 3-3-3 所示。

图 3-3-3 路由访问截图

七、Laravel 中的 Controller 有什么作用?

Controller 的主要作用是 Route 定义时,替代匿名函数形式的执行器。

Laravel 中的控制器默认放置在"app/Http/Controllers"目录下,因此可以通过在 Laravel 项目根目录 CMD 中输入 php artisan make:controller MyController 命令来创建一个新的控制器。当 CMD 中返回"Controller created successfully.",就表示控制器创建成功,则可以在"app/Http/Controllers"目录下找到"MyController.php"文件。

```
1. <?php
2. // app/Http/Controllers/MyController.php 文件
3. namespace App\Http\Controllers;
4. use Illuminate\Http\Request;
5. class MyController extends Controller
6. {
7.     // 自己定义的方法
8.     public function myFunction(){
9.         return 'This is my first API';
10.    }
11. }
```

在 MyController 类中写入"myFunction"方法,之后在"routes/api.php"文件中写入以下代码。

```
1. // routes/api.php 文件
2. // 引用 App\Http\Controllers 命名空间下的 MyController
3. use App\Http\Controllers\MyController;
4. Route::get('mf', [MyController::class, 'myFunction']);
```

在浏览器地址栏中输入"{项目 URI}/mf",可以看到如图 3-3-4 所示的效果。

图 3-3-4　项目 URI 访问截图

> **注意事项**
>
> 　　注册路由时,请注意使用控制器的命名空间是否被引入至该文件中。

八、Laravel 中的 Middleware 有什么作用?

查一查

前置中间件与后置中间件有什么区别?

如图 3-3-5 所示,Middleware 的主要作用是处理进入应用的 HTTP 请求及离开应用的 HTTP 响应。其绑定于路由上,控制路由执行器调用前和调用后的操作。

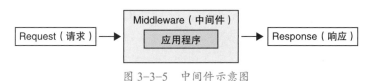

图 3-3-5　中间件示意图

执行 `php artisan make:middleware Proxy` 命令后,创建 Proxy 中间件。

"app/Http/Middleware"目录下会自动生成"Proxy.php"文件。

```php
1.  <?php
2.  // app/Http/Middleware/Before.php
3.  namespace App\Http\Middleware;
4.  use Closure;
5.  use Illuminate\Http\Request;
6.  class Proxy
7.  {
8.      /**
9.       * Handle an incoming request.
10.      *
11.      * @param  \Illuminate\Http\Request $request
12.      * @param  \Closure $next
```

```
13.        * @return mixed
14.        */
15.       public function handle(Request $request, Closure $next)
16.       {
17.            return $next($request);
18.       }
19. }
```

当中间件被调用时，"handle"方法会被自动执行。该方法内的"$request"参数表示应用传入中间件的请求对象，"$next"参数将请求传递给应用程序。在这两个参数组合前后进行相应的操作，可以实现前置中间件或后置中间件。

九、Laravel 中的 Eloquent ORM 有什么作用？

如图 3-3-6 所示，Eloquent ORM 是基于 Active Record 模式实现的，含有 Model 模型、Relationship 数据库关联、Builder 查询构造器等功能。其中，Model 模型为 ORM 的核心功能，每个数据库表都有一个对应的"Model"，用来与该表作交互，即映射关系。

图 3-3-6　Model 类和数据库表的映射关系

在控制台中输入 php artisan make:model Post 命令，"app /Models"目录下会自动生成"Post.php"文件。

```
1. <?php
2. // app/Models/Post.php
3. namespace App\Models;
4. use Illuminate\Database\Eloquent\Factories\HasFactory;
5. use Illuminate\Database\Eloquent\Model;
6. class Post extends Model
7. {
8.     use HasFactory;
9. }
```

Post 模型创建完成后，该模型默认会从"posts"数据表中检索数据。如果需要自定义模型使用哪个数据表，可以重写模型类的"$table"属性。

提示

使用模型操作数据表前，需要正确地配置数据库连接信息。

十、Laravel 中的 Migration 有什么作用？

Migration 就是一种数据库的版本控制系统。在使用 Laravel 构建项目的过程中，所有的数据库表结构定义在迁移文件中。通过执行迁移命令，在数据库中自动生成表及结构，也可以进行回滚等操作。

想一想

数据库迁移功能对数据库的管理起到了哪些作用？

想一想

除了添加"-m"参数外，还有什么方法可以生成迁移文件？

为方便迁移文件的生成，通常会在创建模型时同步创建迁移文件，在控制台输入 `php artisan make:model Post -m` 命令（"-m"为 `make:model` 命令的参数）。这样在 Post 模型文件创建完成的同时，Laravel 框架根目录下的 "database/migrations" 中会自动生成迁移文件 "时间 _create_posts_table.php"。

迁移操作有以下两种主要方法："up"方法的作用是向数据库中添加新的表或列、索引，"down"则是"up"的反向操作。

```php
1. <?php
2. // database/migrations/xxxxxx_create_posts_table.php
3. use Illuminate\Database\Migrations\Migration;
4. use Illuminate\Database\Schema\Blueprint;
5. use Illuminate\Support\Facades\Schema;
6. class CreatePostsTable extends Migration
7. {
8.     /**
9.      * Run the migrations.
10.     *
11.     * @return void
12.     */
13.     public function up()
14.     {
15.         // Schema::create( 数据表名，表设置 )
16.         Schema::create('posts', function (Blueprint $table) {
17.             // 数据表字段
18.             $table->id();
19.             $table->timestamps();
20.         });
21.     }
22.     /**
23.      * Reverse the migrations.
24.      *
25.      * @return void
26.      */
27.     public function down()
28.     {
29.         Schema::dropIfExists('posts');
30.     }
31. }
```

上述代码中，"Schema::create"方法在数据库中新建一个名为"posts"的表，并且有"id"主键自增字段及"created_at"和"updated_at"两个字段。

迁移文件编辑完成之后，输入 php artisan migrate 命令，执行"database/migrations"目录下所有的迁移文件（调用"up"的方法）。

 活动

活动一：Laravel 项目搭建与配置

（一）安装 Laravel 框架

打开 CMD 命令行窗口，进入本机的 HTTP Web 服务器虚拟映射目录。如果将 XAMPP Web 开发集成软件安装至 C 盘后，在命令行中输入以下指令。

cd C:\xampp\htdocs

接着，进入"C:\xampp\htdocs"文件夹，执行 Composer 命令安装 Laravel 框架。

composer create-project laravel/laravel task-three

该命令执行完成后，将会生成一个名为"task-three"的文件夹，该文件夹内含有 Laravel 框架文件。

（二）Laravel 框架安装成功测试

启动 HTTP Web 服务器，并在浏览器地址栏中输入"http:// 服务器地址 / 框架目录 /public"。如果显示如图 3-3-7 所示，就表示 Laravel 安装成功。接着，可以使用 Postman 工具对 API 进行调试，界面如图 3-3-8 所示。

想一想

cd 命令的作用是什么？

提示

对于 API 接口的测试，通常会使用 Postman 软件进行。

图 3-3-7 Laravel 安装成功界面

想一想

为什么直接进入"public"路径下能显示出Laravel页面？

图 3-3-8　请求参数设置区域与结果区域

（三）Laravel 数据库连接配置

如图 3-3-9 所示，打开 Laravel 项目目录内的".env"文件，找到以"DB_"开头的字段，修改对应的值（"＝"后的内容），使框架能正确连接至数据库。

```
11    DB_CONNECTION=mysql
12    DB_HOST=127.0.0.1
13    DB_PORT=3306
14    DB_DATABASE=task_three_db
15    DB_USERNAME=root
16    DB_PASSWORD=
17
```

图 3-3-9　运行结果

表 3-3-1　Laravel ".env" 文件字段名释义

字段名	含义
DB_CONNECTION	数据库驱动
DB_HOST	数据库主机地址
DB_PORT	数据库端口
DB_DATEBASE	数据库库名
DB_USERNAME	数据库用户名
DB_PASSWORD	数据库密码

活动二：项目模型及数据库表搭建

（一）模型及迁移生成

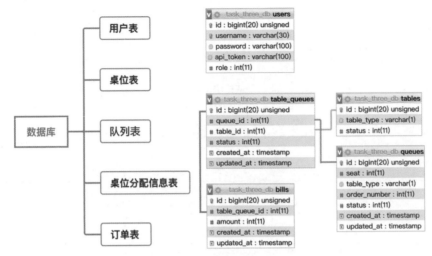

图 3-3-10　数据库及表对应图

根据图 3-3-10 的整理，可以通过执行以下四条命令，来创建模型及数据表。

查一查

还有什么方法可以快速生成模型及迁移文件？

1. 生成 Table 模型及迁移文件命令。

```
php artisan make:model Table –m
```

2. 生成 Queue 模型及迁移文件命令。

```
php artisan make:model Queue –m
```

3. 生成 TableQueue 模型及迁移文件命令。

```
php artisan make:model TableQueue –m
```

4. 生成 Bill 模型及迁移文件命令。

```
php artisan make:model Bill –m
```

User 模型及迁移文件已经默认集成在 Laravel 框架内，不需要通过命令生成。

"app/Models" 和 "database/migrations" 目录中的文件如图 3-3-11 所示（将 migrations 文件夹中多余的迁移文件删除）。

```
app/Models/              database/migrations/
    User.php                 datetime_create_users_table.php
    Table.php                datetime_create_tables_table.php
    Queue.php                datetime_create_queues_table.php
    TableQueue.php           datetime_create_table_queues_table.php
    Bill.php                 datetime_create_bills_table.php
```

图 3-3-11　database/migrations 目录文件

（二）迁移文件编写与执行

1. 进入 "database/migrations" 目录。

2. 打开 "datetime_create_users_table.php" 文件, 编辑 "up" 方法中的内容, 为即将生成的 "users" 表设置字段。

想一想

数据表字段生成中, unique、nullable 和 default 的意义是什么?

```
1. public function up()
2. {
3.        Schema::create('users', function (Blueprint $table) {
4.        $table->id();
5.            $table->string('username',30)->unique();
6.            $table->string('password',100);
7.            $table->string('api_token',100)->nullable();
8.            //role:0 = Employee,1 = Admin
9.            $table->integer('role')->default(0);
10.        });
11. }
```

3. 打开 "datetime_create_tables_table.php" 文件, 编辑 "up" 方法中的内容, 为即将生成的 "tables" 表设置字段。

```
1. public function up()
2. {
3.        Schema::create('tables', function (Blueprint $table)
4.        {
5.            $table->id();
6.            // 桌位类型 :a=1~2, b=3~6, c=7~12
7.            $table->string('table_type', 1);
8.            // 桌位状态 :0= 未占用, 1= 占用
9.            $table->integer('status')->default(0);
10.        });
11. }
```

提示

数据表字段的类型可以通过方法设置, 如设置 string 类型的字段方法为 "$table->string()"。

4. 打开 "datetime_create_queues_table.php" 文件, 编辑 "up" 方法中的内容, 为即将生成的 "queues" 表设置字段。

```
1. public function up()
2. {
3.        Schema::create('queues', function (Blueprint $table)
4.        {
5.            $table->id();
6.            $table->integer('seat');
7.            $table->string('table_type', 1);
8.            $table->integer('order_number');
9.            // 记录是否被分配桌位的状态
10.            //0= 未分配桌位, 1= 已分配桌位
11.            $table->integer('status')->default(0);
12.            $table->timestamps();
13.        });
14. }
```

5. 打开 "datetime_create_table_queues_table.php" 文件, 编辑 "up" 方法中的内容, 为即将生成的 "table_queues" 表设置字段。

```
1. public function up()
2. {
3.     Schema::create('table_queues', function (Blueprint $table) {
4.         $table->id();
5.         $table->integer('queue_id');
6.         $table->integer('table_id');
7.         //0= 用餐中，1= 已结束用餐
8.         $table->integer('status')->default(0);
9.         $table->timestamps();
10.    });
11. }
```

6. 打开 "datetime_create_bills_table.php" 文件，编辑 "up" 方法中的内容，为即将生成的 "bills" 表设置字段。

```
1. public function up()
2. {
3.     Schema::create('bills', function (Blueprint $table) {
4.         $table->id();
5.         $table->integer('table_queue_id');
6.         $table->integer('amount');
7.         $table->timestamps();
8.    });
9. }
```

7. 以上五个迁移文件编写完成后，在命令行中输入以下命令。

`php artisan migrate`

8. 执行该命令后，Laravel 会调用每个迁移文件中的 "up" 方法，并根据构造的表结构，在连接的数据库中生成相应结构的数据表。

（三）模型文件编写

1. 进入 "app/Models" 目录，对模型中默认的属性进行重写，并添加模型关联和方法。

2. 打开 "User.php" 文件，按照如下方式编写。

```
1. <?php
2. namespace App\Models;
3. use Illuminate\Contracts\Auth\MustVerifyEmail;
4. use Illuminate\Database\Eloquent\Factories\HasFactory;
5. use Illuminate\Foundation\Auth\User as Authenticatable;
6. use Illuminate\Notifications\Notifiable;
7. class User extends Authenticatable
8. {
9.     use HasFactory, Notifiable;
10.     public $timestamps = false;
11.     protected $guarded = [];
12.     protected $rememberTokenName = 'api_token';
```

查一查

php artisan migrate 命令可以添加哪些参数？

查一查

$timestamps、$rememberTokenName、$hidden 属性起到了什么作用？

161

```
13.     protected $hidden = [
14.         'password',
15.     ];
16. }
```

3. 打开"Table.php"文件，按照如下方式编写。

```
1.  <?php
2.  namespace App\Models;
3.  use Illuminate\Database\Eloquent\Factories\HasFactory;
4.  use Illuminate\Database\Eloquent\Model;
5.  use Illuminate\Database\Eloquent\SoftDeletes;
6.  class Table extends Model
7.  {
8.      use HasFactory;
9.      protected $guarded = [];
10.     public $timestamps = false;
11.     function setStatus($status)
12.     {
13.         $this->status = $status;
14.         $this->save();
15.     }
16. }
```

查一查

$guarded 属性起到了什么作用？

注意事项

以上代码中添加了"setStatus"方法，作用是更加方便地设置单条 Table 数据的"status"（状态）属性。

4. 打开"Queue.php"文件，按照如下方式编写。

```
1.  <?php
2.  namespace App\Models;
3.  use DateTimeInterface;
4.  use Illuminate\Database\Eloquent\Factories\HasFactory;
5.  use Illuminate\Database\Eloquent\Model;
6.  class Queue extends Model
7.  {
8.      use HasFactory;
9.      protected $guarded = [];
10.     protected $hidden = ['updated_at'];
11.     protected $casts = [
12.         'created_at' => 'datetime:Y-m-d H:i:s',
13.         'updated_at' => 'datetime:Y-m-d H:i:s',
14.     ];
15.     function setStatus($status)
16.     {
17.         $this->status = $status;
18.         $this->save();
19.     }
20. }
```

查一查

$casts 属性起到了什么作用？

以上代码中添加了"setStatus"方法，作用是更加方便地设置单条 Queue 数据的"status"（状态）属性。

5. 打开"TableQueue.php"文件，按照如下方式编写。

```php
1.  <?php
2.  namespace App\Models;
3.  use DateTimeInterface;
4.  use Illuminate\Database\Eloquent\Factories\HasFactory;
5.  use Illuminate\Database\Eloquent\Model;
6.  class TableQueue extends Model
7.  {
8.      use HasFactory;
9.      protected $guarded = [];
10.     protected $hidden=['updated_at'];
11.     protected $casts = [
12.         'created_at' => 'datetime:Y-m-d H:i:s',
13.         'updated_at' => 'datetime:Y-m-d H:i:s',
14.     ];
15.     function setStatus($status)
16.     {
17.         $this->status = $status;
18.         $this->save();
19.     }
20.     function table()
21.     {
22.         return $this->belongsTo(Table::class);
23.     }
24.     function queue()
25.     {
26.         return $this->belongsTo(Queue::class);
27.     }
28. }
```

查一查

belongsTo 关联能获取到哪些信息？

注意事项

以上代码中添加了两个关联："queue"及"table"，作用是能获取到与 TableQueue 数据有相关信息的 Queue 数据及 Table 数据。

6. 打开"Bill.php"文件，按照如下方式编写。

```
1.  <?php
2.  namespace App\Models;
3.  use Illuminate\Database\Eloquent\Factories\HasFactory;
4.  use Illuminate\Database\Eloquent\Model;
5.  class Bill extends Model
6.  {
7.      use HasFactory;
8.      protected $guarded = [];
9.      protected $hidden = ['updated_at'];
10.     protected $casts = [
11.         'created_at' => 'datetime:Y-m-d H:i:s',
12.         'updated_at' => 'datetime:Y-m-d H:i:s',
13.     ];
14.     function table_queue()
15.     {
16.         return $this->belongsTo(TableQueue::class);
17.     }
18.     function queue()
19.     {
20.         return $this->hasOneThrough(Queue::class, TableQueue::class,
    'id', 'id', 'table_queue_id', 'queue_id');
21.     }
22.     function table()
23.     {
24.         return $this->hasOneThrough(Table::class, TableQueue::class,
    'id', 'id', 'table_queue_id', 'table_id');
25.     }
26. }
```

查一查

hasOneThrough
关联能获取到
哪些信息？

注意事项

　　以上代码中添加了三个关联："table_queue""queue"
"table"，作用是能获取到与 Bill 数据有相关信息的
TableQueue 数据、Table 数据及 Queue 数据。

想一想

什么是模型关
联？模型关联又
有哪些用法？

表 3-3-2　常用模型属性详解表

属性名	含义	类型
table	数据表名称	string
timestamps	是否为模型添加时间戳	boolean
fillable	设置允许批量赋值的字段	array

（续表）

属性名	含义	类型
guarded	设置不允许批量赋值的字段	array
rememberTokenName	设置令牌字段名	string
hidden	设置隐藏字段	array
cats	设置属性为指定类型	array

活动三：项目控制器搭建及逻辑功能编写

（一）控制器生成

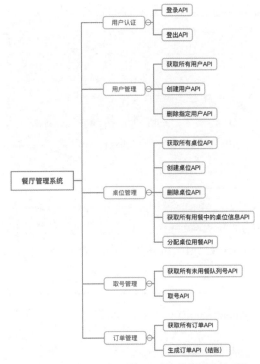

图 3-3-12　餐厅管理系统控制器框架图

想一想

控制器的作用和优点是什么？

根据图 3-3-12 的整理，可以通过执行以下五条命令，来创建控制器。

1. 生成用户认证控制器命令。

```
php artisan make:controller AuthController
```

2. 生成用户管理 API 资源控制器命令。

```
php artisan make:controller UserController --api
```

3. 生成桌位管理 API 资源控制器命令。

```
php artisan make:controller TableController --api
```

4. 生成取号管理 API 资源控制器命令。

```
php artisan make:controller QueueController --api
```

5. 生成订单管理 API 资源控制器命令。

```
php artisan make:controller BillController --api
```

想一想

使用 API 资源控制器的优点是什么？

6. 完成上述后，"app/Http/Controllers"目录中的文件如图 3-3-13 所示。

```
app/Http/Controllers/
    Controller.php
    AuthController.php
    UserController.php
    TableController.php
    QueueController.php
    BillController.php
```

图 3-3-13　Controllers 目录下文件

注意事项

　　使用命令创建控制器时，在命令后加入"--api"可以创建出 API 资源型控制器，其特点为自带"index""store""show""update""destory"方法，并且能与 Laravel 资源路由配合使用。

（二）基础控制器响应数据编写

1. 打开"app/Http/Controllers/Controller.php"文件，在该文件的 Controller 类中添加以下三个方法。

```
1. function success($data = null)
2. {
3.     $success_data = [
4.         'message' => 'success',
5.         'data' => $data
6.     ];
7.     return response()->json($success_data, 200);
8. }
```

注意事项

　　这三个方法封装了三种情况的响应内容及状态码，在后续的 API 编写中可以直接使用。

2. 你可以通过编写路由，对这三个方法进行测试。打开"routes/api.php"文件，按照如下方式编写。

```
1. use App\Http\Controllers\Controller;
2. Route::get('success', [Controller::class, 'success']);
3. Route::get('not-found', [Controller::class, 'notFound']);
4. Route::get('data-error', [Controller::class, 'dataError']);
```

3. 打开 Postman 软件，通过 GET 方式分别对这三个路由发送请求。"success"功能正确测试结果如图 3-3-14 所示。

想一想

将返回的内容封装有什么好处？

图 3-3-14　sucess 测试结果

"notFound"功能正确测试结果如图 3-3-15 所示。

图 3-3-15　notFound 测试结果

"dataError"功能正确测试结果如图 3-3-16 所示。

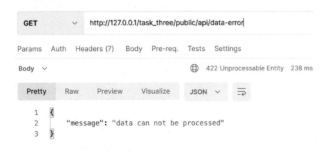

图 3-3-16　dataError 测试结果

提示

本段代码主要实现了登录（login）及登出（logout）功能，其中关于用户的认证使用了"Illuminate\Support\Facades\Auth"类中的方法。

提示

通过在控制器方法的形参中传入"Illuminate\Http\Request"类，可以实现从方法内获取 HTTP 请求的参数。

（三）用户认证逻辑功能编写

打开"app/Http/Controllers/AuthController.php"文件，按照如下方式编写该文件。

```php
1.  <?php
2.  namespace App\Http\Controllers;
3.  use Illuminate\Auth\AuthenticationException;
4.  use Illuminate\Http\Request;
5.  use Illuminate\Support\Facades\Auth;
6.  class AuthController extends Controller
7.  {
8.      //登录功能
9.      function login(Request $request)
10.     {
11.         $data = $request->only(['username', 'password']);
12.         if (Auth::attempt($data, true)) {
13.             $user = Auth::user();
14.             return $this->success($user);
15.         }
16.         throw new AuthenticationException();
17.     }
18.     //登出功能
19.     function logout()
20.     {
21.         $user = Auth::user();
22.         $user->api_token = null;
23.         $user->save();
24.         return $this->success();
25.     }
26. }
```

第 11 行代码"$request->only(['username' , password]);"，该方法执行后，返回 HTTP 请求的参数，并可以通过传入数组的方式设置仅获取的请求参数。

第 12 行代码"Auth::attempt($data, true)"，该方法用于验证传入的信息是否为数据库中存在的用户信息，其中第一个参数为用户信息，第二个参数为是否需要保留用户登录信息。

第 16 行代码"throw new AuthenticationException();"，该方法用于抛出用户认证异常。

第 21 行代码"Auth::user();"，该方法用于返回当前登录的用户实例。

第 22—23 行代码将用户的 api_token 令牌设置为空并保存，其作用为清除用户的登录信息。

（四）用户管理逻辑功能编写

打开"app/Http/Controllers/UserController.php"文件，按照如下方式编写该文件。

```php
1.  <?php
2.  namespace App\Http\Controllers;
3.  use App\Models\User;
4.  use Illuminate\Http\Request;
5.  use Illuminate\Support\Facades\Hash;
6.  class UserController extends Controller
7.  {
8.      /**
9.       * 获取所有用户
10.      * Display a listing of the resource.
11.      *
12.      * @return \Illuminate\Http\Response
13.      */
14.     public function index()
15.     {
16.         $users = User::all(['id', 'username', 'role']);
17.         return $this->success($users);
18.     }
19.     /**
20.      * 新增用户
21.      * Store a newly created resource in storage.
22.      *
23.      * @param  \Illuminate\Http\Request $request
24.      * @return \Illuminate\Http\Response
25.      */
26.     public function store(Request $request)
27.     {
28.         $data = $request->only(['username', 'password', 'password_
    confirmation', 'role']);
29.         // 验证器
30.         $this->validate($request, [
31.             'username' => 'required|max:20|unique:users',
32.             'password' => 'required|max:16|confirmed',
33.             'role' => 'required|in:0,1'
34.         ]);
35.         unset($data['password_confirmation']);
36.         $data['password'] = Hash::make($data['password']);
37.         $user = new User($data);
38.         $user->save();
39.         return $this->success($user);
40.     }
41.     /**
42.      * 删除指定用户
43.      * Remove the specified resource from storage.
44.      *
45.      * @param  int $id
46.      * @return \Illuminate\Http\Response
47.      */
48.     public function destroy($id)
49.     {
50.         $user = User::find($id);
51.         if (!$user) return $this->notFound('Can not find the user');
52.         $user->delete();
53.         return $this->success();
54.     }
55. }
```

想一想

destroy 函数的
作用是什么？

第 16 行代码 "User::all(['id', 'username', 'role']);"，该方法执行后，返回 User 表中所有的数据，并可以通过传入数组的方式设置获取数据时仅显示的字段。

查一查

Laravel 的验证规则有哪些？

第 30—34 行代码 "$this->validate($request, [...]);"，该方法用于验证请求中的参数是否通过验证规则，第一个参数设置被验证的请求对象，第二个参数设置验证规则。

第 35 行代码 "unset($data['password_confirmation']);"，该方法用于销毁制定的变量。

第 36 行代码 "Hash::make($data['password']);"，该方法用于将传入的参数进行哈希加密并返回。

第 37 行代码 "new User($data);"该方法用于创建 User 模型实例，传入的参数用于设置新增的 users 表中的字段对应的数据。

第 38 行代码 "$user->save();"，该方法用于把创建的 User 模型实例保存到数据库中。

第 50 行代码 "User::find($id);"，该方法用于在数据库中寻找传入 id 参数的数据。

第 52 行代码 "$user->delete();"，该方法用于删除当前实例存储于数据库中的数据。

> **注意事项**
>
> 本段代码中的所有基础方法的框架代码会在创建 API 资源控制器时自动生成，只需关注需要用到的方法。

（五）桌位管理逻辑功能编写

提示

仅编辑该 API 资源控制器中的 "index" "store" "destory" 方法。

打开 "app/Http/Controllers/TableController.php" 文件，照如下方式编写该文件。

```php
1. <?php
2. namespace App\Http\Controllers;
3. use App\Models\Queue;
4. use App\Models\Table;
5. use App\Models\TableQueue;
6. use Illuminate\Http\Request;
7. class TableController extends Controller
8. {
9.     /**
10.     * 获取所有桌位
11.     * Display a listing of the resource.
12.     *
13.     * @return \Illuminate\Http\Response
```

```
14.        */
15.        public function index()
16.        {
17.            $tables = Table::all();
18.            return $this->success($tables);
19.            //
20.        }
21.        /**
22.         * 新增桌位
23.         * Store a newly created resource in storage.
24.         *
25.         * @param  \Illuminate\Http\Request $request
26.         * @return \Illuminate\Http\Response
27.         */
28.        public function store(Request $request)
29.        {
30.            $data = $request->only(['table_type']);
31.            $this->validate($request, [
32.                'table_type' => 'required|in:a,b,c',
33.            ]);
34.            $table = new Table($data);
35.            $table->save();
36.            return $this->success($table);
37.        }
38.        /**
39.         * 删除指定桌位
40.         * Remove the specified resource from storage.
41.         *
42.         * @param  int $id
43.         * @return \Illuminate\Http\Response
44.         */
45.        public function destroy($id)
46.        {
47.            $table = Table::where(['id' => $id, 'status' => 0])->first();
48.            if (!$table) return $this->notFound();
49.            $table->delete();
50.            return $this->success();
51.        }
52.        // 桌位分配
53.        function tableDistribute($table_id, $queue_id)
54.        {
55.            $table = Table::where(['id' => $table_id, 'status' => 0])->first();
56.            $queue = Queue::where(['id' => $queue_id, 'status' => 0])->first();
57.            if (!$table || !$queue) return $this->dataError();
58.            $table->setStatus(1);
59.            $queue->setStatus(1);
60.            $table_queue = new TableQueue(['table_id' => $table_id, 'queue_
    id' => $queue_id]);
61.            $table_queue->save();
62.            return $this->success();
63.        }
64.        // 获取所有桌位分配信息
65.        function tableDistribution()
66.        {
67.            $table_queues = TableQueue::where('status', 0)->with(['table',
    'queue'])->get();
68.            return $this->success($table_queues);=
```

想一想

代码中函数的
执行是根据先
后顺序还是调
用顺序，是否
需要调整？

```
69.        }
70. }
```

第 47 行代码 "Table::where(['id' => $id, 'status' => 0])->first();"，其中 where() 方法用于设置数据库检索条件，first() 方法用于获取满足检索条件的第一条数据。

第 58—59 行代码 "$table->setStatus(1);" "$queue->setStatus(1);" 分别执行了对应模型实例中定义的 setStatus() 方法。

第 67 行代码 "TableQueue::where('status', 0)->with(['table', 'queue'])->get();"，其中 with() 方法用于预载入在模型中定义的关联，get() 方法用于获取满足检索条件的所有数据。

> **注意事项**
>
> 本段代码实现了获取所有桌位、创建桌位、删除桌位、桌位分配与获取桌位分配信息逻辑功能，其中的 "tableDistribute" 与 "tableDistribution" 方法需要自己创建。这两个方法分别对应桌位分配与获取桌位分配信息逻辑功能。

（六）取号管理逻辑功能编写

提示

仅编辑该 API 资源控制器中的 "index" 与 "store" 方法。

提示

本段代码实现了取号功能及获取未用餐队列逻辑功能。

打开 "app/Http/Controllers/QueueController.php" 文件，按照如下方式编写该文件。

```php
1. <?php
2. namespace App\Http\Controllers;
3. use App\Models\Queue;
4. use App\Models\Table;
5. use Illuminate\Http\Request;
6. class QueueController extends Controller
7. {
8.     /**
9.      * 获取所有未用餐队列信息
10.     * Display a listing of the resource.
11.     *
12.     * @return \Illuminate\Http\Response
13.     */
14.    public function index()
15.    {
16.        $queues = Queue::where('status', 0)->get();
17.        return $this->success($queues);
18.        //
```

```
19.      }
20.      /**
21.      * 取号（创建队列信息）
22.      * Store a newly created resource in storage.
23.      *
24.      * @param  \Illuminate\Http\Request $request
25.      * @return \Illuminate\Http\Response
26.      */
27.      public function store(Request $request)
28.      {
29.          $data = $request->only(['seat']);
30.          $this->validate($request, [
31.              'seat' => 'required|integer|between:1,12',
32.          ]);
33.          $data['table_type'] = 'a';
34.          if ($data['seat'] > 2 && $data['seat'] <= 6) {
35.              $data['table_type'] = 'b';
36.          }
37.          if ($data['seat'] > 7 && $data['seat'] <= 12) {
38.              $data['table_type'] = 'c';
39.          }
40.          $data['order_number'] = Queue::where('table_type', $data['table_
     type'])->count();
41.          $queue = new Queue($data);
42.          $queue->save();
43.          return $this->success($queue);
44.      }
45. }
```

第 33—39 行代码定义了 Queue 模型 table_type 参数生成的逻辑：当 seat 参数大于 2 且小于等于 6 时，table_type 为 b；当 seat 参数大于 7 且小于等于 12 时，table_type 为 c；当 seat 参数不满足上述条件时，table_type 为 a。

第 40 行代码"Queue::where('table_type', $data['table_type'])->count();"，其中 count() 方法用于返回满足检索条件的数据数量。

接着，打开"app/Http/Controllers/Bill.php"文件，按照如下方式编写该文件。

说一说

如何通过修改代码来实现取号功能的自定义？

```
1.  <?php
2.  namespace App\Http\Controllers;
3.  use App\Models\Bill;
4.  use Illuminate\Http\Request;
5.  use Illuminate\Validation\Rule;
6.  class BillController extends Controller
7.  {
8.      /**
9.      * 获取所有订单
10.     * Display a listing of the resource.
```

```
11.        *
12.        * @return \Illuminate\Http\Response
13.        */
14.       public function index()
15.       {
16.            $bill = Bill::with('queue','table')->get();
17.            return $this->success($bill);
18.       }
19.       /**
20.        * 创建订单
21.        * Store a newly created resource in storage.
22.        *
23.        * @param  \Illuminate\Http\Request $request
24.        * @return \Illuminate\Http\Response
25.        */
26.       public function store(Request $request)
27.       {
28.            $data = $request->only(['amount','table_queue_id']);
29.            $this->validate($request, [
30.                'amount' => 'required|numeric|min:0.01',
31.                'table_queue_id' => [
32.                    'required', Rule::exists('table_queues','id')->where('status' , 0),
33.                ]
34.            ]);
35.            $bill = new Bill($data);
36.            $bill->save();
37.            $bill->table_queue->setStatus(1);
38.            $bill->table->setStatus(0);
39.            return $this->success();
40.       }
41.  }
```

第 32 行代码 "Rule::exists('table_queues','id')->where('status' , 0)" 通过方法执行的方式定义复杂的验证规则，用于验证 table_queues 数据表中是否存在满足检索条件的 id 值。

第 37 行代码 " $bill->table_queue->setStatus(1);" 中的 table_queue 参数用于获取 Bill 模型关联的 TableQueue 模型数据。

活动四：项目路由编写

（一）为用户认证控制器添加路由

打开 "routes/api.php" 文件，在该文件中写入如下代码。

提示

本段代码中实现了登录和登出功能的路由绑定，使用到路由的 "group" 和 "post" 方法。

```
1.  // 引入认证功能控制器
2.  use App\Http\Controllers\AuthController;
3.  // 设置路由组
4.  Route::group(['prefix' => 'auth'], function () {
5.      // 登录功能路由
```

```
6.      Route::post('login', [AuthController::class, 'login']);
7.      // 登出功能路由
8.      Route::post('logout', [AuthController::class, 'logout']);
9.  });
```

想一想

路由除了"get""post"外，还有哪些方法可以使用？

注意事项

　　"group"方法对用户认证功能的两个路由进行了分组，并为路由组内的所有路由添加了"auth"前缀，即组内所有路由的 URI 参数中都会自动加上"auth/"，即"auth/login"和"auth/logout"。

（二）为桌位分配功能添加路由

打开"routes/api.php"文件，在该文件中写入如下代码。

```
1. // 引入桌位管理控制器
2. use App\Http\Controllers\TableController;
3. // 桌位分配功能路由
4. Route::get('table/distribute/table/{table_id}/queue/{queue_id}',
   [TableController::class, 'tableDistribute']);
5. // 获取所有桌位分配信息路由
6. Route::get('table/distribution', [TableController::class, 'tableDistribution']);
```

注意事项

　　本段代码中实现了桌位分配及获取所有桌位分配信息功能的路由绑定。其中，在桌位分配功能路由中设置了路由参数"{table_id}"与"{queue_id}"，即访问该路由时，设置参数的位置可以传入任何数据，并且能正常执行该路由绑定的执行器，在执行器中可以处理传入的参数。

（三）为用户、桌位、取号、订单管理 API 资源控制器添加路由

打开"routes/api.php"文件，在该文件中写入如下代码。

```
1. // 引入用户管理控制器
2. use App\Http\Controllers\UserController;
3. // 引入取号管理控制器
4. use App\Http\Controllers\QueueController;
```

提示

本段代码中，通过向"apiResources"方法传入数组，定义了用户管理、桌位管理、取号管理、订单管理四个API资源控制器的路由。

```
5.  // 引入订单管理控制器
6.  use App\Http\Controllers\BillController;
7.  // 设置用户管理、桌位管理、取号管理、订单管理功能 API 资源路由
8.  Route::apiResources([
9.      'user' => UserController::class,
10.     'table' => TableController::class,
11.     'queue' => QueueController::class,
12.     'bill' => BillController::class
13. ]);
```

想一想

GET 请求方法
和 POST 请求
方法的区别是
什么？

注意事项

API 资源路由的声明相当于创建了多个路由来处理资源控制器中的多个方法，表 3-3-3 中列出 API 资源控制器的操作处理。

表 3-3-3　API 资源控制器的操作处理

请求方法	URI	控制器方法
GET	/user	index
POST	/user	store
GET	/user/{user}	show
POST	/user/{user}	update
DELETE	/user/{user}	destory

（四）为路由设置用户认证中间件

1. 打开 "routes/api.php" 文件，修改用户登录后才能操作的路由。

```
1.  Route::post('logout', [AuthController::class, 'logout'])->
    middleware('auth:api');
```

注意事项

"middleware" 方法的作用是为该路由设置一个中间件。其中，"auth:api" 为中间件的名字及参数（"auth" 为中间件名，"api" 为中间件参数）。该中间件的作用是提取用户提交的请求中含有用户身份令牌的内容，并对该令牌进行认证操作，确认登录用户。

2. 除了登出需要用户登录后才能访问外，其余功能（除登录以外）也需要作认证。这时，可以通过将这些路由放在一个路由组内，并为这个路由组设置"auth:api"登录认证中间件，代码如下。

想一想

token 令牌的作用是什么？为什么需要验证 token 令牌正确之后，才能执行需要用户认证之后的方法？

```
1.  Route::group(['middleware' => 'auth:api'], function () {
2.      Route::get('table/distribute/table/{table_id}/queue/{queue_id}',
    [TableController::class, 'tableDistribute']);
3.      Route::get('table/distribution', [TableController::class,
    'tableDistribution']);
4.      Route::apiResources([
5.          'user' => UserController::class,
6.          'table' => TableController::class,
7.          'queue' => QueueController::class,
8.          'bill' => BillController::class
9.      ]);
10. });
```

活动五：管理员权限检查

（一）生成中间件

生成 ChechAdmin 中间件。

```
php artisan make:middleware CheckAdmin
```

注意事项

　　为了保证系统的安全，项目中有四个 API 需要通过管理员认证才能进行访问（即 user 数据的 role 值为 1），分别是桌位创建与删除、用户创建与删除。用户权限的认证方法需要通过前置中间件拦截的方式去实现。

（二）修改中间件代码

打开"app/Http/Middleware/CheckAdmin.php"文件，修改文件内的"handle"方法如下。

```
1.  public function handle(Request $request, Closure $next)
2.  {
3.      $user = Auth::user();
4.      if ($user->role !== 1) {
5.          throw new AuthenticationException();
6.      }
7.      return $next($request);
8.  }
```

注意事项

本段代码中，首先需要获取当前登录用户的认证，之后判断当前用户的"role"属性是否为 1（管理员）。若通过验证则进行下一步操作，若不通过则抛出认证异常。

（三）注册管理员检查中间件

1. 修改完成后，对该中间件进行注册操作。首先，打开"app/Http/Kernel.php"文件，找到"$routeMiddleware"属性；其次，在该属性的数组中加入数据，设置中间件的名字，并注册中间件（如下代码第 12 行）。

提示

本段代码中，使用了控制器中间件定义。通过调用控制器的"middleware"方法，并在该方法传入中间件名，可以让该中间件在整个控制器中生效。

想一想

中间件还能怎么使用？中间件的方法除了"only"外，还有哪些？

```
1. protected $routeMiddleware = [
2.     'auth' => \App\Http\Middleware\Authenticate::class,
3.     'auth.basic' => \Illuminate\Auth\Middleware\AuthenticateWithBasicAuth::class,
4.     'cache.headers' => \Illuminate\Http\Middleware\SetCacheHeaders::class,
5.     'can' => \Illuminate\Auth\Middleware\Authorize::class,
6.     'guest' => \App\Http\Middleware\RedirectIfAuthenticated::class,
7.     'password.confirm' => \Illuminate\Auth\Middleware\RequirePassword::class,
8.     'signed' => \Illuminate\Routing\Middleware\ValidateSignature::class,
9.     'throttle' => \Illuminate\Routing\Middleware\ThrottleRequests::class,
10.     'verified' => \Illuminate\Auth\Middleware\EnsureEmailIsVerified::class,
11.     // 注册 CheckAdmin 中间件，并设置名字为 admin
12.     'admin' => \App\Http\Middleware\CheckAdmin::class
13. ];
```

2. 中间件注册完成后，先要找到"需要管理员权限"，才能访问的方法所在控制器文件"app/Http/Controllers/UserController.php"及"app/Http/Controllers/TableController.php"，在这两个文件中的控制器类内添加"__construct"构造函数方法并修改它。

3. 打开"app/Http/Controllers/UserController.php"文件，加入以下内容。

```
1. public function __construct()
2. {
3.     $this->middleware('admin');
4. }
```

4. 打开"app/Http/Controllers/TableController.php"文件，加入以下内容。

```
1. public function __construct()
```

提示

可以在附录 2 中查看 API 参数详情列表。

```
2. {
3.     $this->middleware('admin')->only(['store', 'destroy']);
4. }
```

注意事项

本段代码中，在"middleware"方法后跟进一个"only"方法，该方法限制了"admin"中间件只能应用于该控制器内"store"与"destory"方法（即创建桌位与删除桌位）。

活动六：创建测试用户

为了保证项目能正常测试，打开"app/database/seeders/Database Seeder.php"文件，在该文件中写入如下代码。

```php
1. <?php
2. namespace Database\Seeders;
3. use App\Models\User;
4. use Illuminate\Database\Seeder;
5. use Illuminate\Support\Facades\Hash;
6. class DatabaseSeeder extends Seeder
7. {
8. /**
9. * Seed the application's database.
10. *
11. * @return void
12. */
13. public function run()
14. {
15. User::create([
16. 'username' => 'admin',
17. 'password' => Hash::make('adminpass'),
18. 'role' => 1
19. ]);
20. }
21. }
```

注意事项

以上代码中，执行 php artisan db:seed 指令后，会调用"run()"方法，并在数据库中创建用户"admin"权限为管理员，密码为"adminpass"。

 总结评价

根据世赛相关评分要求，本任务的评分标准如表 3-3-4 所示。

表 3-3-4　任务评价表

序号	评价项目	评分标准	分值	得分
1	Laravel 安装	正常启动。含有错误，扣除 20 分	20	
2	项目数据库表搭建	使用 Laravel 数据库迁移进行操作。每项错误或遗漏，扣除 5 分，扣完为止	10	
3	用户认证功能与路由编写	所有的功能编写完成，并能正确通过 Postman 测试。每项错误或遗漏，扣除 2.5 分，扣完为止	10	
4	用户管理功能与路由编写	所有的功能编写完成，并能正确通过 Postman 测试。每项错误或遗漏，扣除 2.5 分，扣完为止	10	
5	桌位管理功能与路由编写	所有的功能编写完成，并能正确通过 Postman 测试。每项错误或遗漏，扣除 2.5 分，扣完为止	10	
6	取号管理功能与路由编写	所有的功能编写完成，并能正确通过 Postman 测试。每项错误或遗漏，扣除 2.5 分，扣完为止	10	
7	订单管理功能与路由编写	所有的功能编写完成，并能正确通过 Postman 测试。每项错误或遗漏，扣除 2.5 分，扣完为止	10	
8	管理员检查中间件编写	仅管理员能访问，非管理员不能访问。每项错误或遗漏，扣除 10 分，扣完为止	20	

 拓展学习

通过本任务的学习，你已经掌握了如何使用 Laravel 框架编写 RESTful API。如果你的 API 想要通过前端使用 AJAX 技术访问，但经常会出现因为浏览器安全问题所导致的跨域报错，那么该如何完成 CORS（跨域资源共享）通信呢？

一、跨域限制产生的原因

为了保护用户的隐私不被恶意网站获取，浏览器默认限制了该站点所发送的请求只能访问该站点所在的域（服务器）。

例如，小王访问了一个假网站 A，A 网站向 B 网站（你登录的某银

行网站）发送了一个获取余额的请求，这时 A 网站便能获取到你的银行余额。因此，为了防止上述情况的发生，同源策略便被应用于各个浏览器中。

二、通过服务器响应完成跨域资源共享

解决跨域限制的方法之一是服务器允许前端源访问，通过 Laravel 后置中间件的方式实现。

1. 生成中间件

生成 Cross 中间件。

```
php artisan make:middleware Cross
```

2. 修改中间件代码

打开"app/Http/Middleware/Cross.php"文件，修改文件内的"handle"方法。

```
1. public function handle(Request $request, Closure $next)
2. {
3.     $response = $next($request);
4.     $response->header('Access-Control-Allow-Origin', '*');
5.     return $response;
6. }
```

以上代码中，获取响应（控制器方法执行完成后返回的内容）之后，设置响应头的"Access-Control-Allow-Origin"值为"*"，表示允许所有源（网站）访问服务器内容。

3. 注册中间件

修改完成后，即可注册中间件。打开"app/Http/Kernel.php"文件，找到"$middlewareGroups"属性，在该属性的数组中的"api"下标数组中，直接将 Cross 中间件添加其入。

```
1.  protected $middlewareGroups = [
2.      'web' => [
3.          \App\Http\Middleware\EncryptCookies::class,
4.          \Illuminate\Cookie\Middleware\AddQueuedCookiesToResponse::class,
5.          \Illuminate\Session\Middleware\StartSession::class,
6.          \Illuminate\View\Middleware\ShareErrorsFromSession::class,
7.          \App\Http\Middleware\VerifyCsrfToken::class,
8.          \Illuminate\Routing\Middleware\SubstituteBindings::class,
9.      ],
10.     'api' => [
11.         'throttle:api',
12.         //添加跨域资源共享中间件
```

想一想

服务器响应如何保障跨域资源共享的安全性？

```
13.          \App\Http\Middleware\Cross::class,
14.          \Illuminate\Routing\Middleware\SubstituteBindings::class,
15.      ],
16. ];
```

以上代码中，将 Cross 跨域资源共享中间件设置到"api"中间件组中，该中间件组已经默认注册至"api.php"路由文件中。这时，你请求"api.php"中的所有 API，都能通过跨域资源限制。

思考与练习

一、思考题

1. 为什么需要定义命名空间（namespace）？它在 Laravel 框架中起到了什么作用？

2. 什么是 RESTful API？完成一套 RESTful API 需要注意哪些方面？

二、技能训练题

1. 使用 Laravel 框架开发任务调度功能。

2. 使用 Laravel 实现多用户权限登录管理。

模块四

网站前端脚
本技术

网站的前端功能基于浏览器，除了模块二中制作的静态页面以及动画和交互效果外，一个完整的网站还需要与 API 进行数据交互。随着前端技术的发展，前后端数据交互的形式已经从早期的前后端代码混写演变为如今的前后端分离架构。模块三中制作的 API 作为后端数据的交互接口，与 AJAX 技术实现的前端页面应用相结合，支撑网站正常业务的开展。

网站前端开发工具和框架较多，本书涉及的网站前端功能开发是依据世赛网站开发和设计项目考核范围编制的，主要开发语言为 JavaScript，利用前端框架 Vue 开发 Web 单页应用，使用 axios 库实现前后端 AJAX 通信。在本模块中制作的前端功能页面可以访问模块三制作完成的 API，实现一个完整的应用。

在本模块中，你将通过以下任务开展学习：在任务 1 中，学习搭建基本开发环境的方法；在任务 2 中，针对本模块需要开发的所有页面（登录页、取号就餐页、订单管理页、桌位列表页、创建桌位页、用户列表页、创建用户页和订单列表页）开展 Vue 框架的学习和实践。

图 4-0-1　Vue 项目仪表盘

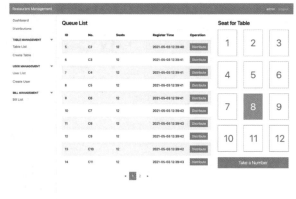

图 4-0-2　桌位管理后台界面

任务 1　搭建 Node.js 前端开发环境

 学习目标

1. 能掌握 JavaScript 开发环境 Node.js 的安装与配置。
2. 能熟练使用包管理器（npm）指令。
3. 能在 Node.js 环境下运行 JavaScript 代码。
4. 能熟练使用包管理器（npm）管理项目。
5. 能独立制作并维护简单的 Node.js 应用。

 情景任务

在之前模块的学习中，你已经掌握了如何制作网站后端 API。因为直接使用网站后端 API 操作数据会比较麻烦，所以为了简化操作，需要制作一个前端网站用于操作和展示后端的数据。本任务将带领你在 Windows 平台安装并配置 Node.js 环境，使用包管理器（npm）创建和管理项目。

查一查

请查阅资料，了解使用包管理器（npm）管理项目的优势，并浏览 npm 官方文档。

 思路与方法

过去，JS 代码通常只能在网站浏览器中被执行和使用；现在，可以通过 Node.js 技术为前端开发工作提供更多的可能。开始使用前，你需要学习正确的 Node.js 下载和安装方法，以及掌握正确的配置 Windows 系统环境变量，使用 Node.js 的 npm 命令安装 Vue.js 的脚手架（vue-cli）。

一、Node.js 能做些什么？

Node.js 是一个 JavaScript 的运行环境，通过提供一系列 API 使 JavaScript 可以脱离浏览器环境运行。Node.js 具有事件驱动、非阻塞性

I/O、轻便高效等特点。通常 Node.js 被用于编写各类前端工具链和前端框架，其包含的包管理器（npm）也被广泛用于各类前端项目中的依赖管理和自动化脚本。

二、Node.js 的版本有什么特点？

Node.js 的版本迭代分为两个阶段：Current 和 LTS（Long Term Support，简称 LTS）。其中，Current 阶段持续六个月，LTS 阶段则分为 Active LTS 阶段（12 个月）和 Maintenance LTS 阶段（18 个月），因此 LTS 阶段至少持续 30 个月。

想一想

Node.js 的应用场景有哪些？

如图 4-1-1 所示，Node.js 社区每六个月发布一个主版本号，其中每年 4 月发布的主版本号为奇数，每年 10 月发布的主版本号为偶数。每一个新主版本号发布时进入 Current 阶段，偶数主版本号结束 Current 阶段后进入 Active LTS 阶段，而奇数版本则结束其生命周期。

从 Node.js 的版本迭代规则中可以了解到 LTS 阶段的版本生命周期最长，因此大多数的开发需求会选择 LTS 版本作为开发环境。

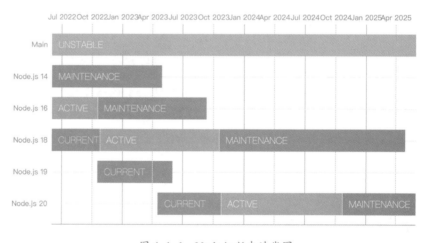

图 4-1-1　Node.js 版本迭代图

三、为什么需要修改系统环境变量？

想一想

之前是否使用过环境变量，是在什么样的应用场景中使用的？

环境变量是一组在操作系统中指定操作系统运行环境的参数，大多数的开发工具都需要对环境变量中的 PATH 变量进行修改。PATH 变量中记录了一组可执行文件的目录，当用户在 CMD、运行窗口等其他方式执行一个命令时，系统会在 PATH 变量所列出的目录中依次寻找该命令对应的可执行文件。Node.js 在安装过程中默认由安装程序自动配置 PATH 环境变量。

 活动

活动一: Node.js 环境搭建

(一) 下载 Node.js 安装包

如图 4-1-2 所示, 打开浏览器访问 Node.js 官方网站 (https://nodejs.org), 在首页上点击 LTS 阶段版本下载。

图 4-1-2　下载 Node.js

(二) 运行 Node.js 安装包

如图 4-1-3 所示, 双击运行 Node.js 安装包, 加载完成后进入安装向导界面。接着, 单击 "Next" 按钮进入下一步。

图 4-1-3　安装 Node.js

（三）同意 Node.js 许可协议

如图 4-1-4 所示，勾选 "I accept the terms in the License Agreement"，同意 Node.js 许可协议。接着，单击 "Next" 按钮进入下一步。

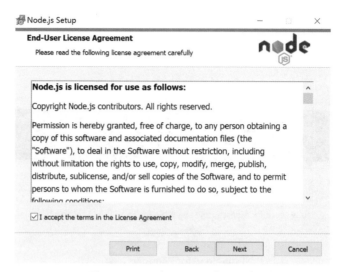

图 4-1-4　同意 Node.js 许可协议

（四）确认 Node.js 安装路径

想一想

更改安装路径会对 Node.js 的使用产生哪些影响？

如图 4-1-5 所示，确认默认安装路径，单击 "Change" 按钮可修改默认安装路径。接着，单击 "Next" 按钮进入下一步。

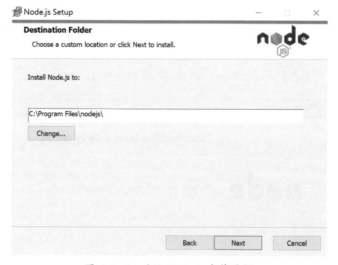

图 4-1-5　确认 Node.js 安装路径

想一想

如果 "Add to PATH" 选项禁用，如何在操作系统中配置 PATH 环境变量？

（五）自定义 Node.js 安装内容

如图 4-1-6 所示，默认为全部安装，一般情况不需要调整安装内容，其中 "Add to PATH" 选项为是否自动添加可执行文件目录到 PATH 环境变量。接着，单击 "Next" 按钮进入下一步。

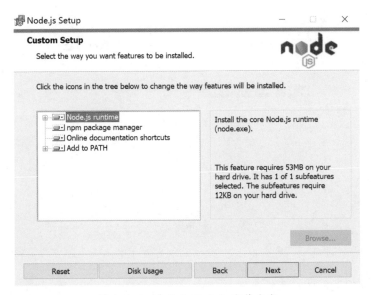

图 4-1-6　自定义 Node.js 安装内容

（六）确认 Node.js 可选依赖

选择是否安装可选依赖工具，如图 4-1-7 所示，依赖工具用于 npm 依赖包的编译，保持默认不勾选（不安装）状态。接着，单击"Next"按钮进入下一步。

想一想

依赖工具安装的优缺点是什么？

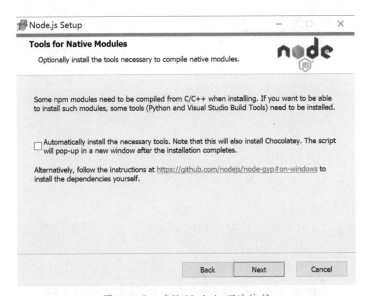

图 4-1-7　确认 Node.js 可选依赖

（七）开始安装 Node.js

如图 4-1-8 所示，单击"Install"按钮开始安装 Node.js。如果提示需要管理员权限，请给予授权。

想一想

如果 Node.js
的版本号不符
合预期，应该
如何处理？

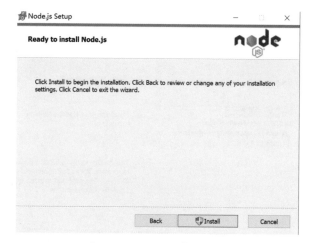

图 4-1-8　开始安装 Node.js

（八）Node.js 安装完成

如图 4-1-9 所示，提示安装成功后，单击"Finish"关闭安装程序，
Node.js 安装完成。

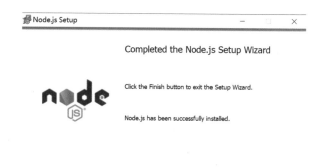

图 4-1-9　Node.js 安装完成

（九）测试 Node.js

如图 4-1-10 所示，打开 CMD 命令行，执行 node -v 命令，查看
Node.js 版本。

查一查

通过官网获取
Node.js 安装包
（14.16.1 LTS）。

图 4-1-10　查看 Node.js 版本

活动二：使用 npm 创建项目

（一）创建项目文件夹

1. 在桌面创建 "test_project" 项目文件夹。

2. 如图 4-1-11 所示，打开 CMD 命令行，并执行 `cd Desktop\test_project` 命令，切换当前工作目录至桌面创建的项目目录。

想一想

项目目录和工作目录的区别是什么？

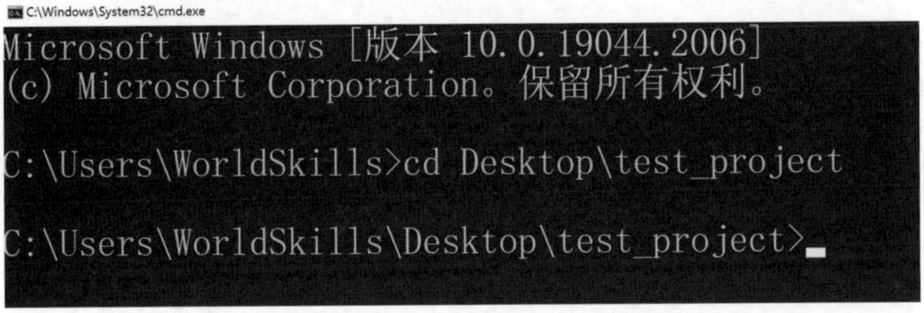

图 4-1-11 切换至项目目录

（二）项目创建

1. 继续在 CMD 命令行中执行 `npm init` 命令。

2. 在当前目录创建 Node.js 项目，需要按照提示填写信息并回车，最终输入 `yes` 并确认输入的信息。操作步骤如图 4-1-12 所示。

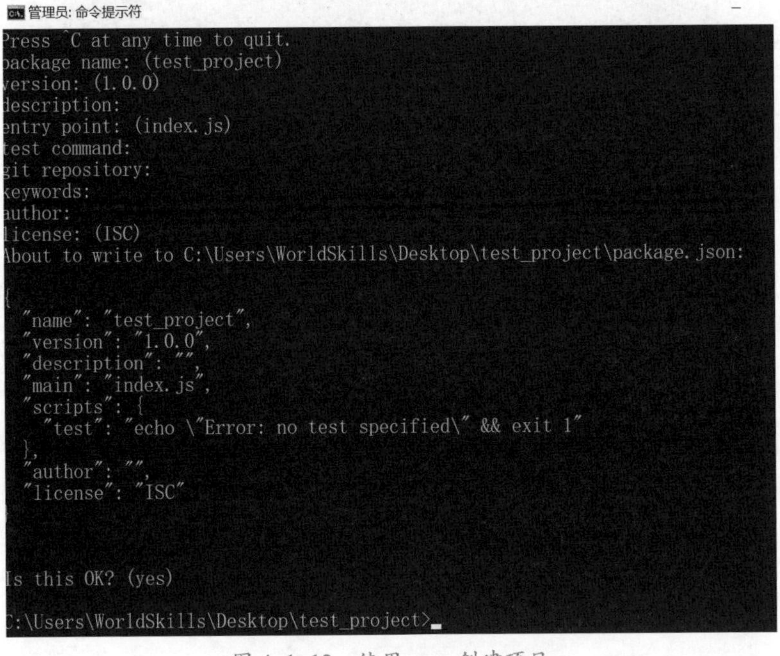

图 4-1-12 使用 npm 创建项目

（三）Node.js 运行简单代码

1. 在项目文件夹下创建 index.js，并编写如下代码。

```
console.log("Hello World!")
```

2. 如图 4-1-13 所示，在 index.js 所在目录下执行 node index.js 运行代码。

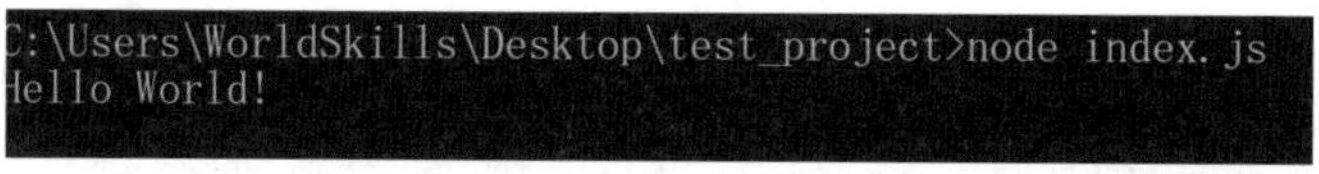

```
C:\Users\WorldSkills\Desktop\test_project>node index.js
Hello World!
```

图 4-1-13   运行代码

3. 控制台输出"Hello World!"字样表示代码运行成功。

（四）npm 脚本定义

1. 使用文本编辑器打开 package.json 文件。

2. 在其"scripts"对象中增加"start"属性（脚本名），属性值（脚本内容）为"node index.js"，修改后内容如下。

```
{
    "name": "test_project",
    "version": "1.0.0",
    "description": "",
    "main": "index.js",
    "scripts": {
        "start": "node index.js",
        "test": "echo \"Error: no test specified\" && exit 1"
    },
    "author": "",
    "license": "ISC",
    "dependencies": {
    }
}
```

（五）npm 脚本测试

如图 4-1-14 所示，在 CMD 中执行 npm run start 命令，运行定义的脚本。

> **注意事项**
>
> start 脚本将直接执行 node index.js 命令。

想一想

是否可以通过直接执行 npm start 命令代替 npm run start 命令？

```
C:\Users\WorldSkills\Desktop\test_project>npm run start

> test_project@1.0.0 start C:\Users\WorldSkills\Desktop\test_project
> node index.js

Hello World!

C:\Users\WorldSkills\Desktop\test_project>npm start

> test_project@1.0.0 start C:\Users\WorldSkills\Desktop\test_project
> node index.js

Hello World!

C:\Users\WorldSkills\Desktop\test_project>
```

图 4-1-14　npm 脚本测试

（六）npm 全局安装 Vue 脚手架

1. "npm install --global <package_name>"用于全局安装依赖包，"--global"表示全局安装，无此参数则表示本地安装。

2. 在 CMD 中执行 "npm install --global @vue/cli "，全局安装 Vue 脚手架。

3. 安装完成后在 CMD 中执行 vue -V 命令，确认 Vue 脚手架版本，显示效果如图 4-1-15 所示。

提示

如果全局安装的依赖包中包含可执行文件，那么可在 CMD 中调用。

图 4-1-15　安装 Vue 脚手架

 总结评价

根据世赛相关评分要求，本任务的评分标准如表 4-1-2 所示。

表 4-1-2　任务评价表

序号	评价项目	评分标准	分值	得分
1	Node.js 下载	能选择正确的版本	10	
2	Node.js 安装	包括安装成功，学会使用命令行查看版本号等。安装成功得 10 分，版本号查询得 10 分，扣完为止	20	
3	npm 项目创建	包括创建文件夹，命令行创建 npm 项目，填写项目信息等。每项错误或遗漏，扣除 5 分，扣完为止	20	
4	Node.js 运行简单代码	包括编写 Hello World 代码，命令行运行代码等。每项错误或遗漏，扣除 10 分，扣完为止	20	
5	npm 脚本定义	包括定义脚本，命令行运行脚本等。每项错误或遗漏，扣除 5 分，扣完为止	20	
6	npm 全局安装 Vue 脚手架	包括全局安装 Vue 脚手架，命令行查看 Vue 脚手架版本等。每项错误或遗漏，扣除 2.5 分，扣完为止	10	

 拓展学习

通过本任务的学习，你已经掌握了 Node.js 的安装及其 npm 的基本用法。你知道 CMD 和 npm 中还有哪些其他的命令和用法吗？

表 4-1-3　CMD 命令和用法

想一想

CMD 命令的应用场景有哪些？

命令	用途	常用参数	示例
help	查看帮助	无	help
cd	切换目录	/D 与当前盘符不同，跟随盘符切换	cd
md	创建目录	文件夹名称	md name
dir	列出文件	无	dir
ping	测试网络	IP 地址 / 域名	ping 1.1.1.1
ipconfig	查看网络	/all 列出所有网卡信息	ipconfig /all

表 4–1–4　npm 命令和用法

命令	用途	常用参数
npm install <package>	安装依赖包	--global 全局安装
npm update <package>	更新依赖包	--global 全局更新
npm uninstall <package>	卸载依赖包	--global 全局卸载
npm run <name>	运行已定义脚本	无
npm search <package>	在线搜索依赖包	无
npm config get <name>	读取配置信息	--global 全局配置
npm config set <name> <value>	设置配置信息	--global 全局配置

 思考与练习

一、思考题

1. 在开发时经常会使用多个版本的 Node.js，如何切换不同的 Node.js 版本？

2. npm 安装依赖包时，默认会安装最新版本的依赖包，如何指定具体版本的依赖包？

二、技能训练题

1. npm 安装依赖包时，经常会遇到下载缓慢的问题，请通过切换全局 npm 源为国内镜像来提高下载速度。

2. 请使用 Node.js 编写一个 JavaScript 程序并执行，实现输入一组数字并计算所有数字之和。

任务2 使用 Vue 开发 Web 单页应用程序

学习目标

1. 能掌握 Web 单页应用程序的基本概念。
2. 能掌握前端框架 Vue 的基础语法及应用搭建方法。
3. 能掌握前端 AJAX 库 axios 的使用方法。
4. 能掌握 Vue Router 的使用方法。
5. 能独立制作与维护 Vue 搭建的 Web 单页应用程序。

情景任务

查一查

请查阅资料并比较几种常见的 Web 单页应用框架（Vue、Angular 等）的特点。

在模块三中，你已经完成了 Suni Restaurant 的餐厅管理系统后台 API 功能的开发，餐厅管理者也邀请第三方设计公司完成了餐厅管理系统的后台静态页面。

现在，你需要使用提供的静态页面完成 Web 单页应用的功能开发，需要通过 AJAX 技术将各个功能与开发完成的后台 API 对接起来。在具体功能实现时，还需要尽可能考虑代码的复用。在本任务中，你将学习如何在 Node.js 环境中，基于 Vue.js 脚手架进行 Web 单页应用的开发，获取 API 数据并将其展示在前端页面上。网站的需求方已经向你提供了前端重构代码，你只需要在这些模版的基础上增加前端功能的逻辑。

本任务共包含以下八个前端页面：登录页面、取号就餐页面、订单管理页面、桌位列表页面、创建桌位页面、用户列表页面、创建用户页面、订单列表页面。

思路与方法

使用原生 JS 代码开发前端功能的效率非常低，你可以通过选择主流的网站前端开发框架，来有效地提高开发效率。通过上一个任务的学习，你已经掌握了安装与配置 Node.js 环境、搭建 Vue.js 脚手架的方法。开始制作前，要先了解 Web 单页应用程序的主要概念，以及 Vue 的主要功能及其相关库功能。

一、Web 单页应用程序有哪些特点？

Web 单页应用程序（Single-Page Application，简称 SPA）是指在浏览器运行期间不会重新加载的页面，仅通过一个 HTML 页面作为入口的应用程序。单页应用可以为用户提供类似本地应用的效果，程序流畅性较好，用户体验良好。浏览器在第一次加载时会载入必需的 HTML、CSS 和 JavaScript 代码，用户在进行交互操作时由 JavaScript 动态响应和加载页面内容。常见的 Web 单页应用程序框架是基于 MVVM 设计模式的，如 Vue、Angular 等框架。

想一想

Web 单页应用程序相对于传统 Web 应用有什么优点和缺点？

二、Vue 有哪些主要功能和特点？

Vue 是一套用于构建用户界面的渐进式框架，提供了 MVVM 风格的双向数据绑定，专注于 View 层。其核心是 MVVM 中的 VM，即 ViewModel。ViewModel 负责连接 View 和 Model，保证视图和数据的一致性，这种轻量级的架构让前端开发更加高效、便捷。

Vue 的主要功能在于其声明式渲染和双向绑定特点，通过基于 HTML 的模板语法将 JavaScript 中的变量数据展现在用户界面上，用户界面输入内容的变化也会同步修改 JavaScript 的变量数据。

Vue 轻量化、组件化的特点可以将页面中通用功能板块的 HTML、CSS 和 JavaScript 封装为组件（components），并在需要使用该组件时导入组件。组件化这一特点简化了各种管理系统的开发，比如，以管理系统为背景的 Web 应用对界面的个性化要求不高，通过 iView、Ant Design Vue、Element UI 等 Vue UI 框架和组件库，可快速完成后台管理系统界面开发，将开发重心集中在业务逻辑上。

三、Vue CLI 能做什么？

Vue CLI 是一个基于 Vue.js 进行快速开发的完整系统，可以通过该工具交互式的项目脚手架快速创建项目，并提供一个基于 Web 图形化的创建和管理 Vue.js 项目的用户界面。将 Vue 生态中的工具基础配置标准化，能确保各种构建工具基于智能的默认配置即可平稳衔接，让开发人员更专注应用功能的实现。

四、Vue Router 能做什么？

想—想

单页应用有哪些优缺点？

Vue Router 是 Vue 官方的路由管理器，与 Vue 深度集成。Vue Router 的一系列组件和功能简化了单页应用的开发，能通过 URL 加载不同组件内容，通过嵌套路由实现多层视图组合。Vue+Vue Router 的方式是目前常见的单页应用开发组合。

五、如何理解 Vue 项目结构？

使用 Vue CLI 创建的项目包含一些初始代码，可直接使用 npm 运行，文件结构如表 4-2-1 所示。

表 4-2-1　项目文件结构

目录	文件名	说明
/	-	
	babel.config.js	babel（JavaScript 编译器）配置文件
	package.json	npm 配置文件
	package-lock.json	npm 已下载包描述文件
/public	-	公共文件夹
	index.html	入口 HTML 文件，无须修改
	favicon.ico	网页图标文件
/src	-	源代码文件夹
	main.js	JavaScript 入口文件，初始化 Vue 等 JavaScript 库
	App.vue	Vue 入口组件，作为根组件挂载其他组件
/src/assets	-	资源文件，可存放 CSS、JS、图片等
/src/components	-	组件文件夹，存放小型组件
/src/router	-	Vue Router 目录
	index.js	Vue Router 配置文件
/src/views	-	视图文件夹，可存放页面级组件
/dist	-	发布文件夹，使用发布命令（npm run build）时生成的文件夹，用于直接发布到 Web 服务器

活动

活动一：使用 Vue CLI 可视化管理项目

（一）启动 Vue CLI 可视化管理界面

1. 如图 4-2-1 所示，打开 CMD 命令行，执行 vue ui 命令，启动 Vue CLI 的 Web UI 界面。

图 4-2-1　启动 Web UI 界面

> **注意事项**
>
> 在 vue ui 服务启动时，不能关闭命令行窗口，因为关闭命令行窗口时，vue ui 服务也将关闭。

2. 系统将会自动打开浏览器访问，也可自行通过浏览器访问命令行所提示的网址打开浏览器（http://localhost:8000）。Web UI 界面显示效果如图 4-2-2 所示。

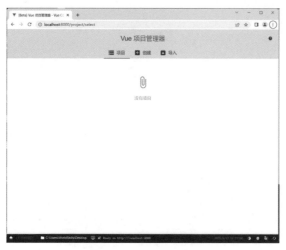

图 4-2-2　Web UI 界面

（二）使用 Vue CLI 的 Web UI 创建项目

1. 如图 4-2-3 所示，单击页面中①处"创建"按钮，选择项目创建位置，默认位置为执行命令时 CMD 所处文件夹。

2. 单击页面中②处"在此创建新项目"确认创建位置。

想一想

如何更改项目的默认位置？

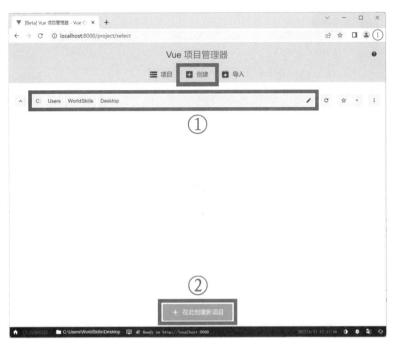

图 4-2-3　创建新项目

3. 操作完成后的显示效果如图 4-2-4 所示。

图 4-2-4　成功创建新项目

想一想

项目详情信息界面中提到的"Git"是什么，有什么用途？

4. 如图 4-2-5 所示，在页面中①处填写"项目文件夹名"，在页面中②处选择"npm"，最后单击③处"下一步"按钮。

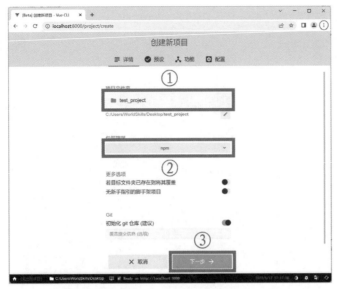

图 4-2-5　输入文件夹名并选择包管理器

5. 如图 4-2-6 所示，在页面中选择①处"默认"预设信息，单击②处"创建项目"按钮，等待项目创建完成。

想一想

在"默认"预设信息中，具体预设了哪些内容？

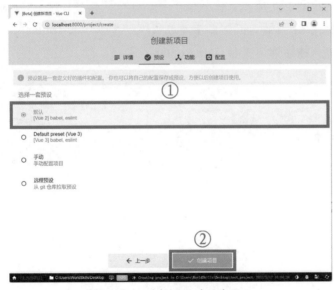

图 4-2-6　选择预设并创建项目

6. 创建完成后的显示效果如图 4-2-7 所示。

注意事项

eslint 将会添加许多 JavaScript 语法约束，如果不需要使用 eslint 模块，可以选择"手动"配置。

图 4-2-7　成功创建项目

（三）安装 Vue Router

想一想

除了 vue-router
插件外，还有哪
些常用插件？

1. 如图 4-2-8 所示，在页面中单击①处"插件"按钮（左侧边栏第二项）进入插件页面，在页面中单击②处"添加 vue-router"，最后单击③处"继续"按钮即可安装 Vue Router。

图 4-2-8　安装 Vue Router

2. 安装完成后，"已安装的插件"列表中会添加"@vue/cli-plugin-router"项目。安装完成页面效果如图 4-2-9 所示。

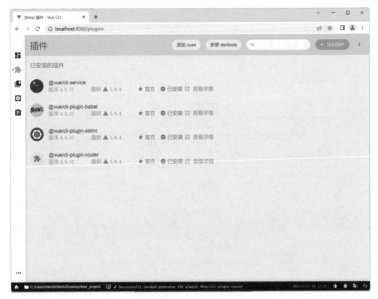

图 4-2-9　安装完成

（四）安装 axios

1. 如图 4-2-10 所示，在页面中单击①处"依赖"按钮（左侧边栏第三项）进入依赖页面，在页面中单击②处"安装依赖"。

想一想

常用的依赖有哪些，可以实现哪些功能？

图 4-2-10　安装依赖

2. 弹出如图 4-2-11 所示的模态框，在①处搜索框中输入"axios"并选择搜索列表中的第一项（图中②处），最后单击③处"安装 axios"按钮，等待安装完成。

想一想

怎么理解页面中
提到的"依赖"
概念？运行依
赖和开发依赖
有什么区别？

图 4-2-11　安装 axios

（五）测试

1. 在上述步骤创建的项目 (test_project) 目录下打开 CMD 命令行
并执行 `npm run serve` 命令，将运行开发 Web 服务器。运行后的显示
效果如图 4-2-12 所示。

图 4-2-12　运行开发 Web 服务器

2. 如图 4-2-13 所示，使用浏览器访问命令行提示的地址（"http://
localhost:8080"），即可看到初始 Vue 项目界面。

图 4-2-13　初始 Vue 项目界面

活动二：使用 Vue 路由搭建项目结构

（一）确认项目模板文件

　　管理系统的 HTML、CSS 代码和必要的 JavaScript 已经被编写为模板文件，你需要将其全部整理到 Vue 项目中。其文件内容如表 4-2-2 所示。

想一想

将文件整理到 Vue 项目中需要注意什么？

表 4-2-2　模板文件目录结构

目录	文件名	说明
/	-	根目录
	login.html	登录页
	index.html	后台首页，取号，排队列表
	distributions.html	就餐列表，买单
/table	-	桌位文件夹
	index.html	桌位列表页
	create.html	桌位创建页
/user	-	用户文件夹
	index.html	用户列表页
	create.html	用户创建页

（续表）

目录	文件名	说明
/bill	-	订单文件夹
	index.html	订单页
/assets	-	资源文件夹
/aesets/css	-	CSS 资源文件夹，所有页面共用
/aesets/imgs	-	图片资源文件夹
/aesets/js	-	JS 资源文件夹，所有页面共用

（二）导入资源文件

1. 将模板文件中的资源文件夹（assets）复制到 Vue 项目中的 "src" 文件夹内，与原有的 assets 文件夹合并。

2. 由于所有页面共用 CSS 和 JS 文件，在 "src/main.js" 文件中导入 CSS 和 JS 代码。

想一想

在 "src/main.js" 文件中使用 import 语句导入的 CSS 代码是如何加载到页面中的？

```
import './assets/css/bootstrap.css'
import './assets/css/app.css'
import './assets/js/app' //js 文件可以省略 .js 后缀
```

（三）修改 App.vue 根组件

按照如下方式修改 "src/App.vue" 文件。

想一想

哪些情况下需要添加组件样式区域的 scoped 属性，如果不添加该属性会产生什么影响？

```
<!-- 组件模板区域 -->
<template>
    <div id="app"> <!-- 组件根元素，每个组件有且只能有一个 -->
        <router-view/> <!-- 路由视图组件 -->
    </div>
</template>
<!-- 组件样式区域，添加 scoped 属性可使样式只对组件元素生效 -->
<style>
</style>
```

注意事项

上述代码将删除 <style> 标签内的无用样式代码，修改 <template> 标签内的代码为直接显示路由所对应的视图组件。

（四）修改示例路由

1. 按照如下方式修改 "src/router/index.js" 文件。

```
import Vue from 'vue'
import VueRouter from 'vue-router'
Vue.use(VueRouter)
const routes = [
    {
        path: '/',
        name: 'Home',
    },
]
const router = new VueRouter({
    routes
})
export default router
```

想一想

除了修改示例路由外，是否可以新建自己的路由？

注意事项

　　上述代码修改后，将删除默认的 about 示例路由和主页引用组件。

（五）删除示例组件

1. 删除 "src/views" 和 "src/components" 两个文件夹内的示例组件。

2. 打开 CMD 执行 npm run serve 命令，运行开发 Web 服务器。

3. 使用浏览器访问命令行提示的地址，此时应当看到空白网页。

（六）导入登录页视图组件并添加路由

1. 在 "src/views" 文件夹中创建 "Login.vue" 文件。

2. 将模板文件中的 "login.html" 文件 <body> 标签内部内容复制到 "Login.vue" 的 <template> 标签内。

```
<!-- 组件模板区域 -->
<template>
    <div class="flex-box-center login-box "><!-- 组件根元素，每个组件有
且只能有一个 -->
        <div class="login-card card col-md-2 col-sm-4 no-bdr px-5">
            <div class="pb-4 mb-4 border-bottom text-center h6">
                Restaurant Management
            </div>
            <form class="form-signin" action="index.html">
                <h4 class="h4 mb-4 font-weight-normal">Please sign in</
h4>
                <input type="text" id="input-username" name="username"
class="form-control no-bdr" placeholder="Username" autofocus>
```

```
                    <input type="password" id="input-password"
name="password" class="form-control no-bdr" placeholder="Password">
                    <button class="btn btn-primary btn-block no-bdr mt-4"
id="login-btn" type="submit">Sign in</button>
                </form>
            </div>
            <div class="login-bg">
                <div class="login-color-bg">
                </div>
            </div>
        </div>
    </div>
</template>
<!-- 组件 JavaScript 区域 -->
<script>
export default {
name: "Login"
}
</script>
<!-- 组件样式区域, scoped 属性使样式只对组件元素生效 -->
<style scoped>
</style>
```

想一想

使用登录路由
的优势是什么?

3. 按照如下方式添加登录路由, 修改 "src/router/index.js" 文件。

```
import Vue from 'vue'
import VueRouter from 'vue-router'
Vue.use(VueRouter)
const routes = [
    {
        path: '/',
        name: 'Home',
    },
    {

        path: '/login', // 登录页路径
        name: 'Login', // 路由名称
        component: () => import('../views/Login'), // 路由对应视图组件
    }
]
const router = new VueRouter({
    routes
})
export default router
```

注意事项

上述代码修改后, 将添加登录页路由, 使访问路径为
"/login" 时渲染 "Login.vue" 文件。

4. 修改完成后, 修改 URL 访问地址中 "#" 后的内容为 "/login",

即可看到如图 4-2-14 所示的登录页面效果。

想—想

Vue Router 的路由 URL 格式是否可以删除"#"，修改为其他形式？

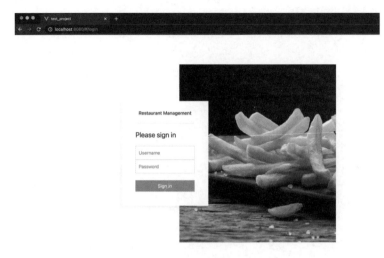

图 4-2-14　登录页面效果图

（七）导入后台首页视图组件

1. 如图 4-2-15 所示，在"src/views"文件夹内创建"Dashboard. vue"文件和"Dashboard"文件夹，"Dashboard"文件夹用于存储右侧内容区域组件。

图 4-2-15　后台视图组件

提示

后台模板页面为左右结构，左侧为导航栏区域。每个页面仅右侧内容区域不同。此处需要使用 Vue Router 的嵌套路由功能，右侧区域根据路由不同切换组件。

2. 将模板文件中的"index.html"文件 <body> 标签内部（除了 Toast 和 Distribute Modal 区域外）复制到"Dashboard.vue"的 <template> 标签内。因为每个组件 <template> 标签内有且只能有一个根元素，所以要将其内容嵌套在空 <div> 内。

3. 在"Dashboard"文件夹内创建"Home.vue"，将此时"Dashboard. vue"中的"Right Content Area"内容剪切到"Home.vue"的 <template>

想一想

组件 template 下 的 第 一 个 div 块的作用 是什么?

标签内,并使用路由视图组件"<router-view>"替代"Dashboard.vue"中的"Right Content Area"内容。

4. 修改"Dashboard.vue"文件内容,代码有部分省略,请参考模板文件。

```html
<!-- 组件模板区域 -->
<template>
    <div><!-- 组件根元素,每个组件有且只能有一个 -->
        <nav class="navbar navbar-dark fixed-top bg-orange flex-md-nowrap p-0">
            <!-- 此处代码省略,完整代码参考模板文件 -->
        </nav>
        <div class="container-fluid">
            <div class="row">
                <!--Left Navbar Area-->
                 <nav class="col-md-2 d-none d-md-block bg-light sidebar">
                    <!-- 此处代码省略,完整代码参考模板文件 -->
                </nav>
                <!--Right Content Area-->
                <router-view/><!-- 路由视图组件 -->
                <!--/Right Content Area-->
            </div>
        </div>
    </div>
</template>
<script>
export default {
    name: "Dashboard"
}
</script>
<style scoped>
</style>
```

5. 修改"Home.vue"文件内容,代码有部分省略,请参考模板文件。

```html
<template>
    <main role="main" class="col-md-9 ml-sm-auto col-lg-10 px-4">
        <div class="mb-3 pt-4 pb-2">
            <div class="row ">
                <!--Queue List-->
                <!-- 此处代码省略,完整代码参考模板文件 -->
                <!--/Queue List-->
                <!--Seats Number-->
                <!-- 此处代码省略,完整代码参考模板文件 -->
                <!--/Seats Number-->
            </div>
        </div>
    </main>
</template>
<script>
```

```
export default {
    name: "Home"
}
</script>
<style scoped>
</style>
```

（八）添加后台首页路由

1. 修改"src/router/index.js"文件，使用嵌套路由方式添加后台首页路由，使访问路径为"/dashboard/home"时渲染"Dashboard.vue"和"Dashboard/Home.vue"文件。

想一想

嵌套路由的具体作用是什么？

```
import Vue from 'vue'
import VueRouter from 'vue-router'
Vue.use(VueRouter)
const routes = [
    {
        path: '/',
        name: 'Home',
    },
    {
        path: '/login',
        name: 'Login',
        component: () => import('../views/Login'),
    },
    {
        path: '/dashboard',
        name: 'Dashboard',
        component: () => import('../views/Dashboard'),
        children: [ // 嵌套路由
            {
                path: 'home',
                name: 'DashboardHome',
                component: () => import('../views/Dashboard/Home'),
            },
        ]
    }
]
const router = new VueRouter({
    routes
})
export default router
```

想一想

嵌套路由有哪些优点和不足？

2. 完成后，修改 URL 访问地址中"#"后的内容为"/dashboard/home"，即可看到后台首页效果。

（九）导入后台其他页面视图组件和路由

1. 按照上述操作完成其他页面模板内容区域组件化的修改，完成其路由配置，并通过浏览器访问其路由地址查看效果。

想一想

<router-link> 标签的 to 属性除了可以直接填写链接外，还可以填写哪些参数？

表 4-2-3 其他页面视图组件与路由

模板	视图组件（Dashboard）	路由
distributions.html	Dashboard/Distributions.vue	/dashboard/distributions
table/index.html	Dashboard/Table/Home.vue	/dashboard/table
table/create.html	Dashboard/Table/Create.vue	/dashboard/table/create
user/index.html	Dashboard/User/Home.vue	/dashboard/user
user/create.html	Dashboard/User/Create.vue	/dashboard/user/create
bill/index.html	Dashboard/Bill.vue	/dashboard/bill

2. 修改"Dashboard.vue"文件，将其顶部导航区域和左侧导航区域超链接（<a> 标签）修改为路由的 <router-link> 标签，并测试所有链接。Table List 组件和 User List 组件显示效果如图 4-2-16 和图 4-2-17 所示。

```
<router-link class="navbar-brand col-md-2 mr-0" to="/dashboard/home">Restaurant Management</router-link>
```

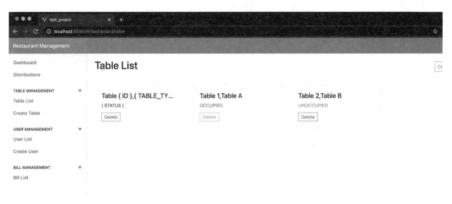

图 4-2-16 Table List 组件

图 4-2-17 User List 组件

活动三：使用 Vue 实现用户认证功能

（一）修改首页跳转

1. 当前首页（路由：/）为空白页，通过浏览器的 Local Storage 是否已经存储 token 值来判断用户是否登录，已登录跳转后台首页（路由：/dashboard/home），未登录则跳转登录页（路由：/login）。

2. 修改"src/router/index.js"文件，在首页路由代码中增加 beforeEnter 前置导航守卫。

```
{
    path: '/',
    name: 'Home',
    beforeEnter: (to, from, next) => {
        if (localStorage.getItem('token') != null) { // 如果 localStorage 中
token 为 null
            next({ path: '/dashboard/home' }); // 跳转后台首页
        } else {
            next({ path: '/login' }); // 跳转登录页
        }
    }
},
```

（二）配置 axios 用于请求 RESTful API

1. 修改"src/main.js"文件，导入 axios 代码，并进行配置。

2. 配置其默认请求 baseURL，使每次请求时自动追加站点信息。使用请求拦截器功能在已登录的情况下自动在请求头信息（header）中附加携带 token 的认证头信息（Authorization）。

> **注意事项**
>
> 登录和后续其他功能都需要请求 RESTful API 获取和提交数据，使用 axios 作为 AJAX 请求的 JavaScript 工具库前需要对其进行配置。

```
import Vue from 'vue'
import App from './App.vue'
import router from './router'
import axios from "axios" // 导入 axios 库
Vue.config.productionTip = false
import './assets/css/bootstrap.css'
import './assets/css/app.css'
import './assets/js/app'
new Vue({
```

```
        router,
        render: h => h(App)
}).$mount('#app')
axios.defaults.baseURL = "http:// 服务器框架地址 /public/api" // 配置
baseURL
axios.interceptors.request.use(request => { // 请求拦截器
    const token = localStorage.getItem("token"); // 读取 token
    if (token != null) {
            request.headers.Authorization = "Bearer " + token // 添加认证头，携
带 token
    }
    return request;
});
```

（三）请求登录接口

1. 修改 "Login.vue" 文件，禁用 form 表单的提交事件。

2. 将 username 输入框和 password 输入框与 JavaScript 变量双向绑定，在单击登录按钮时调用 axios 请求 RESTful API。按照如下代码进行修改。登录页面效果如图 4-2-18 所示。

想一想

为什么需要禁用 form 表单的提交事件？

```
<template>
    <div class="flex-box-center login-box ">
        <div class="login-card card col-md-2 col-sm-4 no-bdr px-5">
            <div class="pb-4 mb-4 border-bottom text-center h6">
                Restaurant Management
            </div>
            <form class="form-signin" @submit.prevent="onSubmit"><!--
绑定表单 submit 事件至 onSubmit 函数，并使用 prevent 事件修饰符忽略默
认事件 -->
                <h4 class="h4 mb-4 font-weight-normal">Please sign in</
h4>
                <input type="text" id="input-username" name="username"
class="form-control no-bdr" placeholder="Username" autofocus
v-model="username"> <!-- 双向绑定输入框内容至 username 变量 -->
                <input type="password" id="input-password" name
="password" class="form-control no-bdr" placeholder="Password"
v-model="password"><!-- 双向绑定输入框内容至 password 变量 -->
                <button class="btn btn-primary btn-block no-bdr mt-4"
id="login-btn" type="submit" @click="login">Sign in</button><!-- 绑定按钮
submit 事件至 login 函数 -->
            </form>
        </div>
        <div class="login-bg">
            <div class="login-color-bg">
            </div>
        </div>
    </div>
</template>
<script>
import axios from "axios"; // 导入 axios 库
export default {
```

想一想

相较于传统的数据库验证模式，使用 API 实现登录功能验证的优点是什么？

```
    name: "Login",
    data() {
        return {
            username: '', // 声明 username 变量
            password: '', // 声明 password 变量
        }
    },
    methods: {
        onSubmit() {
            return false; // 返回 false 禁用默认表单提交
        },
        login() {
            axios.post("/auth/login", { // 请求 /auth/login 接口，并携带用
户名和密码数据
                username: this.username,
                password: this.password,
            }).then(result => {
                localStorage.setItem("username", result.data.data.
username) // 储存用户名至 localStorage
                localStorage.setItem("token", result.data.data.api_token) //
储存用户 token 至 localStorage
                localStorage.setItem("role", result.data.data.role) // 储存用
户角色至 localStorage
                this.$router.push({ path: "/dashboard/home" }) // 跳转至后
台首页
            });
        }
    }
}
</script>
```

图 4-2-18　登录页面效果图

注意事项

上述代码中实现了在登录页面时，单击"登录"按钮，将输入的用户名和密码发送至登录 API 接口，其中发送的信息需要经过接口验证。API 接口返回正确的信息后，储存用户信息和令牌（token）到 localStorage 并跳转至后台首页。

（四）添加全局请求错误提示

1. 在"src/components"文件夹中创建"Toast"文件夹，并在该文件夹中创建"ToastComponent.vue"和"index.js"两个文件。

2. 将后台首页模板文件中的"Toast"区域复制到"ToastComponent.vue"文件的 <template> 标签内，编写替换提示内容代码。

3. 在"index.js"文件中编写创建并调用组件代码。

4. 修改"Toast/ToastComponent.vue"文件内容。

```
<template>
    <!--Toast-->
    <div class="toast">
        <div class="toast-body ">
            {{ message }} <!-- 绑定显示 message 变量内容 -->
        </div>
    </div>
    <!--/Toast-->
</template>
<script>
export default {
    name: "ToastComponent",
    props: {
        message: String // 组件 message 参数
    },
}
</script>
<style scoped>
</style>
```

5. 修改"Toast/index.js"文件内容。

```
import ToastComponent from "@/components/Toast/ToastComponent"; // 导入
Toast 组件
export default {
install(vue) {
```

想一想

为什么要将 Toast 提示封装为组件，并将其定义到 Vue 原型类中？

提示

若用户名或密码不正确或者服务器返回错误时，页面应显示相应的提示。可以使用后台首页模板文件（"dashboard.html"）中提供的 Toast 模板，并配合 axios 响应拦截器将 Toast 提示显示在页面中。

```
          const toastComponent = vue.extend(ToastComponent); // 创建 Toast
组件构造器
          vue.prototype.$toast = (message) => { // 定义调用函数接口，通过
message 形参传递提示内容
               const toastInstance = new toastComponent(); // 实例化 Toast 组
件构造器
               toastInstance.$mount(document.createElement("div"));
               toastInstance.message = message; // 修改显示内容
               document.body.append(toastInstance.$el); // 挂载 Toast 组件渲
染并添加到页面中
               setTimeout(() => {
                    toastInstance.$el.remove(); // 从页面中移除 Toast 组件
                    toastInstance.$destroy(); // 销毁 Toast 组件
               }, 5000);
          }
     }
}
```

6. 修改"src/main.js"，引用 Toast 组件，使用 axios 响应拦截器处理响应数据，并在页面中显示 Toast 提示，如图 4-2-19 所示。

```
/** 此处代码省略 **/
import toast from './components/Toast' // 导入 toast
Vue.use(toast)) //Vue 调用 toast
const vue = new Vue({
     router,
     render: h => h(App)
}).$mount('#app')
/** 此处代码省略 **/
axios.interceptors.response.use((response) => { // 响应拦截器
     return response; // 不处理响应，直接返回
     },
     error => {
          if (error.response) { //API 有响应
               vue.$toast(error.response.data.message); // 弹出提示 API 中的
错误信息
          } else {
               vue.$toast(error.message) // 弹出提示错误信息
          }
     }
);
```

想一想

为什么在导入 Toast 时，"./ components/ Toast/index"可以被简写为"./ components/ Toast"？

想一想

axios 响应拦截器还可以实现哪些效果？

注意事项

　　在 axios 响应拦截器中，可以分别处理正确请求和错误请求的不同响应情况。

图 4-2-19　Toast 弹框

（五）修改左侧导航栏菜单项目显示

1. 普通用户（employee）进入后台时，不显示桌位管理和用户管理，并在页面右上角显示用户名。完成效果如图 4-2-20 所示。

2. 修改"Dashboard.vue"文件，添加计算属性，自动读取 localStorage 中储存的用户名称和用户角色，并将用户名称显示到页面右上角。

3. 对桌位管理和用户管理添加 v-if 条件渲染使该板块隐藏，用户角色不是管理员时，不显示桌位管理和用户管理菜单项。

4. 修改 computed 计算属性代码。

```
<script>
export default {
    name: "Dashboard",
    computed: {
        username(){
            return localStorage.getItem('username') // 从 localStorage 读取
用户名
        },
        role() {
            return localStorage.getItem('role') // 从 localStorage 读取用户
角色
        }
    }
}
</script>
```

5. 修改用户名称显示区域代码。

```
<nav class="navbar navbar-dark fixed-top bg-orange flex-md-nowrap p-0">
```

```
<router-link class="navbar-brand col-md-2 mr-0" to="/dashboard/
home">Restaurant Management</router-link>
        <ul class="navbar-nav px-4 flex-row">
            <li class="nav-item text-nowrap mr-3">
                <div class="navbar-text text-light">{{ username }}</div>
<!-- 绑定显示 username 计算属性内容 -->
            </li>
            <li class="nav-item text-nowrap">
                <a class="nav-link" id="logout" href="login.
html">Logout</a>
            </li>
        </ul>
    </nav>
```

6. 修改左侧菜单项条件渲染代码。

```
<li class="nav-group " v-if="role==1"><!-- 用户为管理员则渲染 -->
    <h6 class="sidebar-heading d-flex justify-content-between align-items-
center mt-4 px-3 mb-1"
            data-toggle="collapse" data-target="#event-management-
menu">
        <span>TABLE MANAGEMENT</span>
    </h6>
    <ul class="nav flex-column collapse-menu" id="event-management-
menu">
        <li class="nav-item"><router-link class="nav-link text-muted" to="/
dashboard/table">Table List</router-link>
        </li>
        <li class="nav-item"><router-link class="nav-link text-muted" to="/
dashboard/table/create">Create
            Table</router-link></li>
    </ul>
</li>
    <li class="nav-group" v-if="role==1"><!-- 用户为管理员则渲染 -->
        <h6 class="sidebar-heading d-flex justify-content-between align-
items-center px-3 mt-4 mb-1"
            data-toggle="collapse" data-target="#employee-management-
menu">
        <span>USER MANAGEMENT</span>
    </h6>
    <ul class="nav flex-column collapse-menu" id="employee-management-
menu">
        <li class="nav-item"><router-link class="nav-link text-muted" to="/
dashboard/user">User List</router-link>
        </li>
        <li class="nav-item"><router-link class="nav-link text-muted" to="/
dashboard/user/create">Create User</router-link>
        </li>
    </ul>
</li>
```

想一想

类似的判断条件是否还有其他的应用场景？它的优点是什么？

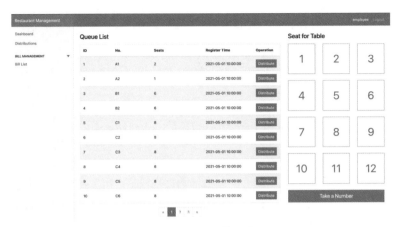

图 4-2-20　后台管理界面

（六）实现用户登出功能

1. 修改"Dashboard.vue"文件，实现页面右上角"logout"链接用户登出功能，链接被单击时请求用户登出 RESTful API 接口。

2. 修改 JavaScript 区域代码。

想一想

为什么需要调用用户登出 RESTful API 接口，直接清空 localStorage 数据有什么缺点？

```
<script>
import axios from "axios";
export default {
    name: "Dashboard",
    computed: {
        username(){
            return localStorage.getItem('username')
        },
        role() {
            return localStorage.getItem('role')
        }
    },
    methods: {
        logout() { // 登出函数
            axios.post("/auth/logout").then(() => { // 请求登出 API
                localStorage.clear(); // 清空 localStorage 数据
                this.$router.push({ path: '/login' }) // 跳转页面至登录页（/
login）
            });
        }
    }
}
</script>
```

3. JavaScript 代码编辑完成后，找到 id 为"logout"的 <a> 标签，为其添加"@click.prevent"属性，属性值为"logout"登出函数。

```
<a @click.prevent="logout" class="nav-link" id="logout" href="login.html"
>Logout</a>
```

活动四：使用 Vue 实现桌位管理功能

（一）实现 Confirm 模态框组件

1. 将空闲桌位删除时，页面应当会进行删除的确认，可以使用后台首页模板文件中提供的 Model 模态框进行修改，以实现此效果。

2. 将 Confirm 提示封装为组件，并将其定义到 Vue 原型类中，这样可以在视图组件中更方便地调用。

想一想

将 Confirm 提示封装为组件的优点是什么？

3. 在"src/components"文件夹中创建"Confirm/ConfirmComponent.vue"和"Confirm/index.js"两个文件。

4. 将后台首页模板文件中的"Distribute Modal"区域复制到"Confirm/ConfirmComponent.vue"文件的 <template> 标签内，编写替换提示内容代码。

5. 在"Confirm/index.js"文件中编写创建并调用组件代码。

6. 修改"Confirm/ConfirmComponent.vue"文件内容。

```
<template>
    <!--Distribute Modal-->
    <div class="modal" v-if="visible">
        <div class="modal-body col-3">
            <div class="h4 mb-3">
                Confirm
            </div>
            <div class="form-group">
                {{ message }}
                <!-- 绑定显示 message 变量内容 -->
            </div>
             <button class="btn btn-sm btn-primary no-bdr" @
click="confirm">Confirm</button>
                <!-- 绑定按钮 click 事件至 confirm 函数 -->
                <a href="#" class="btn btn-sm btn-link btn-orange-link" @
click="cancel">Cancel</a>
                <!-- 绑定按钮 click 事件至 cancel 函数 -->
        </div>
    </div>
    <!--/Distribute Modal-->
</template>
<script>
export default {
    name: "ConfirmComponent",
    props: {
        message: String, // 组件 message 参数
        onConfirm: Function, // 组件 onConfirm 参数，函数类型
        onCancel: Function, // 组件 onCancel 参数，函数类型
    },
    data () {
        return {
            visible: false,
        }
    },
```

```
        methods: {
            display(message, onConfirm, onCancel) {
                this.message = message // 修改提示内容
                this.onConfirm = onConfirm // 将 onConfirm 赋值给 this.
onConfirm
                this.onCancel = onCancel; // 将 onCancel 赋值给 this.onCancel
                this.visible = true // 渲染模态框
            },
            confirm() {
                if (this.onConfirm != null) // 判断 this.onConfirm 是否为空
                    this.onConfirm(); // 调用 this.onConfirm 方法
                this.visible = false; // 不渲染模态框
            },
            cancel() {
                if (this.onCancel != null) // 判断 this.onCancel 是否为空
                    this.onCancel();// 调用 this.onCancel 方法
                this.visible = false; // 不渲染模态框
            }
        }
}
</script>
<style scoped>
</style>
```

7. "Confirm/index.js" 文件内容如下。

```
import ConfirmComponent from "@/components/Confirm/
ConfirmComponent";
    // 导入 Confirm 组件
    export default {
        install(vue) {
            const confirmComponent = vue.extend(ConfirmComponent);
            // 创建 Confirm 组件构造器
            const confirmInstance = new confirmComponent();
            // 实例化 Confirm 组件构造器
            confirmInstance.$mount(document.createElement("div"));
            document.body.append(confirmInstance.$el);
            // 挂载 Confirm 组件渲染并添加到页面中
            vue.prototype.$confirm = (message, onConfirm = function (){},
onCancel = function (){}) => {
                // 定义调用函数接口，通过 message、onConfirm、oncancel 形
参传递提示内容
                confirmInstance.display(message, onConfirm, onCancel);
            }
        }
}
```

8. 修改 "src/main.js"，引用 Confirm 组件。

```
/** 此处代码省略 **/
import confirm from './components/Confirm'// 导入 confirm
Vue.use(confirm) //Vue 调用 confirm
/** 此处代码省略 **/
```

（二）实现桌位创建

1. 修改 "Dashboard/Table/Create.vue" 文件，实现桌位创建页面功能，创建按钮被单击时请求桌位创建 RESTful API 接口，创建完成后跳转桌位列表。

2. 修改桌位创建表单区域代码。

```
<form class="needs-validation" novalidate @submit.prevent="onSubmit">
    <!-- 绑定按钮 submit 事件至 onSubmit 函数 -->
    <div class="row">
        <div class="col-12 col-lg-4 mb-3">
            <label for="input-table-type">Table Type</label>
            <select name="table_type" class="no-bdr form-control"
id="input-table-type" v-model="table_type">
                <!-- 双向绑定输入框内容至 table_type 变量内容 -->
                <option value="a">A</option>
                <option value="b">B</option>
                <option value="c">C</option>
            </select>
        </div>
    </div>
    <hr class="mb-4">
    <button class="btn btn-primary no-bdr" type="submit" @
click="create">Submit</button>
    <!-- 绑定按钮 click 事件至 create 函数 -->
    <router-link to="table" class="btn btn-link btn-orange-link">Cancel</
router-link>
</form>
```

3. 修改 JavaScript 区域代码。

```
<script>
import axios from "axios"; // 引入 axios
export default {
    name: "Create",
    data() {
        return {
            table_type: 'a' // 定义变量 table_type
        }
    },
    methods: {
        onSubmit() {// 定义 onSubmit 方法
            return false; // 返回 false
        },
        create() {// 定义 create 方法
            axios.post('/table', { // 请求创建桌子 API
                table_type: this.table_type, // 传入 table_type 变量
            }).then(result => {
                this.$toast(result.data.message); // 提示返回信息
                this.$router.push({ path: '/dashboard/table' })
            // 路由跳转到 Table 界面
            });
        }
```

```
      }
   }
</script>
```

（三）实现桌位列表显示和空闲桌位删除功能

1. 修改 "Dashboard/Table/Home.vue" 文件，实现页面显示所有桌位信息功能和空闲桌位删除功能。

2. 进入该页面时请求桌位列表 RESTful API 接口，单击空闲桌位的删除按钮时调用 $confirm 方法弹出模态框。

3. 用户单击 Confirm 按钮时，请求桌位删除 RESTful API 接口。使用 v-for 列表渲染遍历桌位列表数据，将数据填充至页面中渲染。

想一想

如果在请求 RESTful API 接口时出现故障，那么要如何弹出提示？

4. 修改桌位信息卡片区域代码。

```
<div class="row">
    <div class="col-md-3" v-for="table of data" v-bind:key="table.id">
        <!-- 循环遍历 data 元素，定义每项的 key 属性为 id（唯一）-->
        <div class="card mb-4 no-bdr">
        <div class="card-body">
            <h5 class="card-title">
                Table {{ table.id }},
                <!-- 绑定显示遍历变量 table.id 内容 -->
                Table {{ table.table_type.toUpperCase() }}
                <!-- 绑定显示遍历变量 table.type 内容并转换成大
写字母 -->
            </h5>
            <p class="card-subtitle">
                {{ table.status==1 ? 'OCCUPIED' : 'UNOCCUPIED'
}}
                <!-- 判断遍历变量 table.status 内容 -->
                <!-- 为 1 显示 OCCUPIED，否则显示
UNOCCUPIED -->
            </p>
            <button class="btn btn-outline-danger btn-sm no-bdr card-
btn " :disabled="table.status == 1" @click="destroy(table.id)">Delete</button>
            <!-- 判断遍历变量 table.status，为 1 则增加 disable 属性
-->
            <!-- 添加 click 事件，调用方法 destroy，传入遍历遍历
table.id -->
        </div>
        </div>
    </div>
</div>
```

5. 修改 JavaScript 区域代码。

```
<script>
import axios from "axios"; // 引入 axios
export default {
```

```
        name: "Home",
        mounted() { // 组件挂载完成钩子
            this.get(); // 调用 get 方法
        },
        data() {
            return {
                data: [] // 定义桌子数组变量
            }
        },
        methods: {
            destroy(id) { // 定义删除方法
                this.$confirm('Are you sure you want to delete?', () => {
                    // 调用 confirm 方法，传 message 值 Are...delete? 和箭头
函数
                    axios.delete("/table/" + id).then(result => { // 请求删除桌
位 API
                        this.$toast(result.data.message); // 调用提示框提示返
回信息
                        this.get(); // 调用 get 方法
                    });
                })
            },
            get() { // 定义 get 方法
                axios.get("/table").then(result => { // 请求获取桌位信息 API
                    this.data = result.data.data;
            // 将返回结果中的 data 数据中的 data 数据赋值给 this.data
                });
            }
        }
    }
    </script>
```

想一想

如何使用 v-for 渲染一段包含多个同级元素的列表？

（四）实现桌位列表页"创建"按钮跳转功能

1. 如图 4-2-21 所示，单击桌位列表页右上角"Create New Table"后跳转创建桌位页。创建完成后的显示效果如图 4-2-22 所示。

2. 修改"Dashboard/Table/Home.vue"文件，将原超链接修改为路由的 <router-link> 标签。

```
<router-link to="/dashboard/table/create" class="btn btn-sm btn-outline-
primary no-bdr">Create new table</router-link>
```

图 4-2-21　后台管理界面

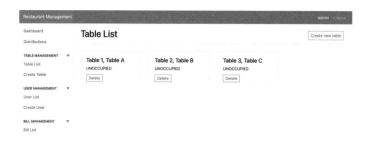

图 4-2-22　创建完成后跳转至桌位列表

活动五：使用 Vue 实现首页功能

（一）修改首页组件

1. 修改"Dashboard/Home.vue"文件，完成 JavaScript 代码区域基本结构，便于后续代码编写。

2. 修改 JavaScript 区域代码。

想一想

不同 JavaScript 代码区域的差别是什么？

```
<script>
import axios from "axios";
export default {
    name: "Home",
    mounted() {
        // 挂载完成钩子区域
    },
    data() {
        return {
            // 变量区域
        }
    },
    computed: {
        // 计算变量区域
    },
    methods: {
        // 函数区域
    }
}
</script>
```

（二）取号功能

1. 实现页面取号功能，在页面中选择就餐人数后单击取号按钮时请求取号 RESTful API 接口，并返回反馈信息，如图 4-2-23 所示。

2. 修改 JavaScript 变量区域代码。

```
data() {
    return {
        // 变量区域
        num: ", // 定义 num 变量
```

```
        }
    },
```

3. 修改 JavaScript 函数区域代码。

```
methods: {
    // 函数区域
    take() { // 定义 take 函数
        axios.post("/queue", {seat: this.num}).then(result => { // 调用取号
api
            this.$toast(result.data.message); // 调用提示框提示返回信息
            // 列表功能完成后，调用刷新列表
        });
    },
```

4. 修改取号区域代码。

```
<div class="col-4">
    <div class="h4 mb-3">
        <span class="line-height-1">Seat for Table</span>
    </div>
    <div class="row">
        <label class="col-4 mb-4" v-for="n of 12" v-bind:key="n">
            <!-- 循环遍历 12 次，定义每项的 key 属性为 n（唯一）-->
            <input type="radio" class="seat-radio d-none" name="seat"
:value="n" @click="num=n">
            <!-- 绑定按钮 click 事件赋值 n 给 num -->
            <div class="btn btn-lg btn-outline-secondary btn-number">{{ n
}}</div><!-- 绑定显示 n 变量内容 -->
        </label>
    </div>
    <button class="btn btn-lg btn-primary no-bdr w-100" @click="take()">
        Take a Number</button>
    <!-- 绑定按钮 click 事件至 take 函数 -->
</div>
```

（三）实现未就餐队列功能

1. 修改 "Dashboard/Home.vue" 文件，实现未就餐队列功能，进入该页面和取号成功时请求未就餐队列 RESTful API 接口。使用 v-for 列表渲染遍历队列列表数据，将数据填充至页面中渲染，同时将获取到的数据进行分页。

2. 修改 JavaScript 变量区域代码。

```
data() {
    return {
        // 变量区域
        num: '', // 定义 num 变量
        queues: [], // 定义 queues 变量
```

```
                queue_id: 0, // 定义 queue_id 变量
                page_id: 1, // 定义 page_id 变量
            }
        },
```

3. 修改 JavaScript 函数区域代码。

```
methods: {
    // 函数区域
    take() { // 定义 take 函数
        axios.post("/queue", {seat: this.num}).then(result => { // 调用取号
api
            this.$toast(result.data.message); // 调用提示框提示返回信息
            this.gct(); // 刷新列表
        });
    },
    get() { // 定义 get 函数
        axios.get("/queue").then(result => { // 调用获取未就餐队列 api
            this.queues = result.data.data
    // 返回值的未就餐队列赋值给 this.queues
        });
    },
}
```

想—想

get() 方法在
不同代码区域
中的作用是否
相同？

4. 修改 JavaScript 计算变量区域代码。

```
computed: {
    // 计算变量区域
    page_num(){ // 定义 page_num 变量
        return Math.ceil(this.queues.length/10);
        // 返回当前未就餐队列总页数, 总数 / 每页数量, 向上取整
    },
    data() {
        return this.queues.slice((this.page_id * 10) - 10, this.page_id * 10);
        // 返回根据当前页数应显示的未就餐队列数据
    }
},
```

5. 修改挂载完成钩子区域代码。

```
mounted() {
    // 挂载完成钩子区域
    this.get();
},
```

6. 修改未就餐队列区域代码。

```
<table class="table border mb-0 table-striped">
    <thead>
    <tr class="">
        <th>ID</th>
```

```
        <th>No.</th>
        <th>Seats</th>
        <th class="w-25">Register Time</th>
        <th style="width: 85px;">Operation</th>
    </tr>
    </thead>
    <tbody>
    <template v-for="queue of data">
        <!-- 循环遍历 data 变量 -->
        <tr v-bind:key="queue.id">
            <!-- 定义每项的 key 属性为 queue.id（唯一）-->
            <td>{{ queue.id }}</td>
            <!-- 绑定显示 queue.id 变量内容 -->
<td>{{ queue.table_type.toUpperCase() }}{{ queue.order_number }}</td>
            <!-- 绑定显示 queue.table_type 变量内容，并将其转换成大写
字母 -->
            <td>{{ queue.seat }}</td>
            <!-- 绑定显示 queue.seat 变量内容 -->
            <td>{{ queue.created_at }}</td>
            <!-- 绑定显示 queue.created_at 变量内容 -->
            <td>
                <button class="btn btn-sm btn-primary no-bdr" @
click="queue_id=queue.id">Distribute</button>
                <!-- 绑定按钮 click 事件将 queue.id 赋值给 queue_id，用
于传递 queue_id 和控制后续分配座位 -->
            </td>
        </tr>
    </template>
    </tbody>
</table>
```

7. 修改分页区域代码。

想一想

前端处理数据
实现分页功能
有什么优点和
缺点？

```
<nav class="mt-3">
    <ul class="pagination justify-content-center">
        <li class="page-item">
            <a class="page-link no-bdr" aria-label="Previous" @
click="(page_id>1)?page_id--:true">
                <!-- 绑定按钮 click 事件判断是否可以向前翻页，可以
则向前翻页 -->
                <span aria-hidden="true">&laquo;</span>
                <span class="sr-only">Previous</span>
            </a>
        </li>
        <li v-for="i of page_num" v-bind:key="i" class="page-item "
            :class="i===page_id?'active':'"' @click="page_id=i">
            <a class="page-link" href="#">{{ i }}</a></li>
        <!-- 循环遍历计算变量 page_num 次数，定义每项的 key 属性为 i
（唯一）-->
        <!-- 判断当前的 i 是否等于 page_id，是则给予 class: active -->
        <!-- 绑定按钮 click 事件，将 i 赋值给 page_id -->
        <!-- 判断当前的 i 是否等于 page_id，是则给予 class: active -->
        <!-- 绑定按钮 click 事件，将 i 赋值给 page_id -->
```

```
        <li class="page-item">
            <a class="page-link no-bdr" aria-label="Next"  @click="(page_
id<Math.ceil(queues.length/10))?page_id++:true">
                <!-- 绑定按钮 click 事件判断是否可以向后翻页，可以
则向后翻页 -->
                <span aria-hidden="true">&raquo;</span>
                <span class="sr-only">Next</span>
            </a>
        </li>
    </ul>
</nav>
```

想一想

使用前端或后端实现翻页功能，在用户体验中会有哪些差异？

图 4-2-23　首页界面

（四）分配桌位功能

1. 修改 "Dashboard/Home.vue" 文件，实现分配桌位用餐功能，如图 4-2-24 所示。

2. 在页面中选择未就餐队列的顾客，单击 "Distribute" 按钮，弹出桌位类型模态框，选择桌位类型后单击 "Confirm" 按钮请求分配桌位用餐 RESTful API 接口。

3. 桌位类型模态框代码取自后台首页模板文件（index.html）中的 "Distribute Modal" 区域，直接复制到组件模板根元素结束标签之前，并进行相应修改。

4. 修改 JavaScript 变量区域代码。

```
data() {
    return {
        // 变量区域
        num: '', // 定义 num 变量
        queues: [], // 定义 queues 变量
```

```
        queue_id: 0, // 定义 queue_id 变量
        page_id: 1, // 定义 page_id 变量
        tables: [], // 定义 tables 变量
        table_id: 0, // 定义 table_id 变量
    }
},
```

5. 修改 JavaScript 函数区域代码。

```
methods: {
    // 函数区域
    take() { // 定义 take 函数
        axios.post("/queue", {seat: this.num}).then(result => { // 调用取号 api
            this.$toast(result.data.message); // 调用提示框提示返回信息
            this.get();
        });
    },
    get() { // 定义 get 函数
        axios.get("/queue").then(result => { // 调用获取未就餐队列 api
            this.queues = result.data.data
    // 把返回值的未就餐队列赋值给 this.queues
        });
        axios.get("/table").then(result => { // 调用获取桌子界面
            this.tables = result.data.data // 将获取到的信息处理后赋值给
this.tables
        });
    },
    distribute() { // 定义函数 distribute
        axios.get("/table/distribute/table/" + this.table_id + "/queue/" + this.
queue_id).then(result => { // 调用分配桌位用餐 api
            this.$toast(result.data.message); // 调用提示框提示返回信息
            this.get(); // 调用 get 方法
            this.$router.push({ path: '/dashboard/distributions' }) // 跳转到
Distributions 页面
        });
    },
    onSubmit() { // 定义 onSubmit 方法
        return false; // 返回 false
    },
}
```

6. 修改桌位类型模态框代码。

```
<div class="modal" v-if="queue_id">
    <!-- 判断 queue_id 不等于 0 则渲染, 否则不渲染 -->
    <div class="modal-body col-3">
        <div class="h4 mb-3">
            Distribute
        </div>
        <form action="" @submit.prevent="onSubmit()">
            <!-- 绑定表单 submit 事件至 onSubmit 函数, 并使用 prevent
事件修饰符忽略默认事件 -->
```

想一想

这段代码中控制桌位类型模态框显示和隐藏的方法有什么优点和缺点?

```
                <div class="form-group">
                    <label for="input-table-id">Select a Table</label>
                    <select name="table_id" class="no-bdr form-control"
id="input-table-id" v-model="table_id">
                        <!-- 双向绑定选择框内容至 table_id 变量 -->
                        <option v-for="table of tables" :disabled="table.
status===1" v-bind:key="table.id" :value="table.id">Table
                        {{ table.id }},Type {{ table.table_type.toUpperCase()
}} {{ table.status===1 ? ',OCCUPIED' : '' }}
                        <!-- 绑定显示 table.id 变量内容 -->
                        <!-- 绑定显示 table.table_type 变量内容并转换为大
写 -->
                        <!-- 绑定显示 table.status 变量为一则显示被占用
-->
                    </option>
                        <!-- 循环遍历 tables 元素，定义每项的 key 属性为
table.id（唯一）-->
                        <!-- 判断 table.status 的值是否是 1，是则增加属性
diseblad -->
                        <!-- 绑定 value 值为 table.id -->
                    </select>
                </div>
                <button class="btn btn-sm btn-primary no-bdr" @
click="distribute()">Confirm</button>
                <!-- 绑定按钮 click 事件至 distribute 函数 -->
                <a class="btn btn-sm btn-link btn-orange-link" @click="queue_
id=0">Cancel</a>
                <!-- 绑定按钮 click 事件不渲染模态框 -->
            </form>
        </div>
</div>
```

图 4-2-24　分配桌位功能

活动六：使用 Vue 实现订单管理功能

(一)实现用餐桌位列表功能、结账功能

1. 修改 "Dashboard/Distributions.vue" 文件，进入该页面时请求所有餐桌位 RESTful API 接口。使用 v-for 列表渲染遍历桌位列表数据，将数据填充至页面中渲染。

2. 单击对应桌位 "Check Bill" 按钮，弹出桌位结账模态框，输入账单金额后单击 "Confirm" 按钮请求生成订单(结账)RESTful API 接口。

3. 桌位结账模态框代码取自 "distributions.html" 模板文件中的 "Check Modal" 区域，直接复制到组件模板根元素结束标签之前，并进行相应修改。

4. 修改 JavaScript 区域代码。

想一想

如果在数据填充过程中发生问题，应当如何处理？

```
<script>
import axios from "axios";
export default {
    name: "Home",
    mounted() {
        this.get();
    },
    data() {
        return {
            data: [], // 定义 data 变量
            amount: '', // 定义 amount 变量
            table_queue_id: 0 //table_queue_id
        }
    },
    methods: {
        onSubmit() { // 定义 onSubmit 函数
            return false; // 返回 false
        },
        pay() { // 定义 pay 函数
            axios.post("/bill", { // 调用结账 api
                table_queue_id: this.table_queue_id, //table_queue_id 值
                amount: this.amount // 传 amount 值
            }).then(result => {
                this.$toast(result.data.message); // 调用提示框提示返回信息
                this.$router.push({ path: '/dashboard/bill' }) // 路由跳转到
Bill 界面
            });
        },
        get() { // 定义 get 函数
            axios.get("/table/distribution").then(result => {
                // 调用获取所有用餐中的桌位信息 API
                this.data = result.data.data // 将获取到的值赋值给 this.
data
            });
        }
    }
}
</script>
```

5. 修改桌位信息区域代码。

```
<div class="row">
    <div class="col-md-3" v-for="distribution of data"
v-bind:key="distribution.id">
        <!-- 循环遍历 data 元素，定义每项的 key 属性为 distribution.id
（唯一）-->
        <div class="card mb-4 no-bdr">
            <div class="card-body">
                <h5 class="card-title">
                    Table {{ distribution.table_id }}, {{ distribution.table.
table_type.toUpperCase() }}
                </h5>
                <!-- 绑定显示遍历变量 distribution.table_id 内容 -->
                <!-- 绑定显示遍历变量 distribution.table.table_type 内容
并转成大写字母 -->
                <div class="d-flex align-items-center">
                    <p class="card-subtitle">{{ distribution.queue.seat }}
Seats</p>
                    <!-- 绑定显示遍历变量 distribution.queue.seat 内容
-->
                    <p class="card-subtitle ml-auto">{{ distribution.
created_at }}</p>
                    <!-- 绑定显示遍历变量 distribution.created_at 内容
-->
                </div>
                <div>
                    <button class="btn btn-outline-danger card-btn btn-sm
no-bdr" @click="table_queue_id=distribution.id">
                        <!-- 添加 click 事件，把 distribution.id 赋值给
table_queue_id -->
                        Check Bill
                    </button>
                </div>
            </div>
        </div>
    </div>
</div>
```

想一想

金额验证框输
入的内容不经
验证直接提交
服务器的方式
有什么缺点？

6. 修改桌位结账模态框代码。

```
<div class="modal" v-if="table_queue_id">
    <!-- 条件渲染，当 table_queue_id 为 true 时渲染元素 -->
    <div class="modal-body col-3">
        <div class="h4 mb-3">
            Check Bill
        </div>
        <form action="" @submit.prevent="onSubmit()">
            <!-- 绑定表单 submit 事件至 onSubmit 函数，并使用 prevent
事件修饰符忽略默认事件 -->
            <div class="form-group">
                <label for="input-amount">Amount</label>
                <input type="text" name="amount" id="input-amount"
class="no-bdr form-control" v-model="amount"/><!-- 双向绑定输入框内容
至 amount 变量 -->
```

```
            </div>
            <button class="btn btn-sm btn-primary no-bdr" type="submit"
@click="pay()">Confirm</button><!-- 绑定按钮 submit 事件至 pay 函数 -->
            <a href="#" class="btn btn-sm btn-link btn-orange-link" @
click="table_queue_id=0">Cancel</a><!-- 绑定按钮 submit 事件赋值给
queue_id 等于 0 -->
        </form>
    </div>
</div>
```

（二）实现订单列表功能

1. 修改"Dashboard/Bill.vue"文件，进入该页面时请求所有订单
RESTful API 接口。

2. 使用 v-for 列表渲染遍历桌位列表数据，将数据填充至页面中
渲染。

3. 修改 JavaScript 区域代码。

```
<script>
    import axios from "axios";
    export default {
        name: "Home",
        mounted() {
            this.get(); // 调用 get 函数
        },
        data() {
            return {
                data: [] // 定义 data 变量
            }
        },
        methods: {
            get() { // 定义 get 函数
                axios.get("/bill").then(result => { // 调用获取所有订单 api
                    this.data = result.data.data // 将获取到的值赋值给
this.data
                });
            }
        }
    }
</script>
```

4. 修改订单列表区域代码。

```
<div class="row">
    <div class="col-md-3" v-for="bill of data" v-bind:key="bill.id">
        <!-- 循环遍历 data 元素，定义每项的 key 属性为 bill.id（唯一）-->
        <div class="card mb-4 no-bdr ">
            <div class="card-body">
                <h5 class="card-title d-flex align-items-center">
                    <span class="event-title">Bill: {{ bill.id }}</span>
```

```
                                    <!-- 绑定显示遍历变量 bill.id 内容 -->
                                </h5>
                                <div class="d-flex align-items-center">
                                    <p class="card-subtitle">Seats: {{ bill.queue.seat }}</
p>
                                    <!-- 绑定显示遍历变量 bill.queue.seat 内容 -->
                                    <p class="card-subtitle ml-auto">Total Amount: ${{
bill.amount }}</p>
                                    <!-- 绑定显示遍历变量 bill.amount 内容 -->
                                </div>
                            </div>
                            <div class="custom-card-footer">
                                <p class="card-text">{{ bill.created_at }}</p>
                                <!-- 绑定显示遍历变量 bill.created_at 内容 -->
                            </div>
                        </div>
                    </div>
                </div>
```

总结评价

根据世赛相关评分要求，本任务的评分标准如表 4-2-4 所示。

表 4-2-4　任务评价表

序号	评价项目	评分标准	分值	得分
1	Vue CLI 项目管理	包括在指定位置创建新项目，在项目中添加插件和依赖，运行和发布项目等。每项错误或遗漏，扣除 2.5 分，扣完为止	10	
2	Vue Router 项目结构搭建	包括导入资源文件，创建并导入视图组件，路由和嵌套路由配置等。每项错误或遗漏，扣除 5 分，扣完为止	20	
3	用户认证功能	包括路由导航守卫配置，axios 请求和响应拦截器配置，axios 处理请求和响应数据，Vue 条件渲染，Vue 双向绑定，Router 跳转操作等。每项错误或遗漏，扣除 5 分，扣完为止	20	
4	桌位管理功能	包括 axios 处理请求和响应数据，Vue 列表渲染，Vue 条件渲染，Vue 双向绑定等。每项错误或遗漏，扣除 5 分，扣完为止	20	
5	取号管理功能	包括 axios 处理请求和响应数据，Vue 列表渲染，Vue 条件渲染，Vue 双向绑定，数据分页等。每项错误或遗漏，扣除 5 分，扣完为止	20	
6	订单管理功能	包括 axios 处理请求和响应数据，Vue 列表渲染，Vue 条件渲染，Vue 双向绑定等。每项错误或遗漏，扣除 2.5 分，扣完为止	10	

拓展学习

通过本任务的学习，你已经掌握了使用 Vue 和 Vue Router 实现一套管理系统的基础知识。Vue CLI 还有哪些更多的命令？过程中，还使用到一些生命周期钩子（hooks）和导航守卫（navigation-guards）。Vue 框架中还有哪些生命周期钩子和导航守卫？

一、Vue CLI 扩展学习

你可以使用表 4-2-5 中的相关命令，对 Vue CLI 进行管理操作。

表 4-2-5　Vue 相关命令

命令	描述
vue create	使用脚手架向导创建一个新项目
vue add	向 Vue 项目添加插件
vue ui	启动 Web 图形化界面
vue info	查看当前运行环境信息

二、Vue 的生命周期

Vue 的实例或组件从创建到销毁的整个过程被称为生命周期。Vue 在整个生命周期中提供了多个生命周期钩子，这些钩子允许在不同阶段执行代码，便于组件实现一些功能。

表 4-2-6　Vue 中的生命周期钩子

阶段	名称	说明
组件创建	beforeCreate	组件创建前，组件实例内资源均不存在
	created	组件创建完成
	beforeMount	组件挂载前，组件还未渲染到页面中
	mounted	组件挂载完成，数据获取等操作常使用此钩子
组件运行	beforeUpdate	数据更新前，新数据已存在，还未重新渲染页面
	updated	数据更新后，已重新渲染页面
组件销毁	beforeDestroy	组件销毁前
	destroyed	组件销毁后，已经销毁完成

想一想

在本模块中，还可以使用哪些生命周期钩子来实现特定功能？

三、Vue Router 导航守卫

Vue Router 导航守卫是路由触发后各个阶段的钩子，分为组件内守卫、全局前置守卫、路由独享守卫、全局解析守卫、全局后置守卫五类，如表 4-2-7 所示。

想一想

灵活地使用导航守卫，可以实现哪些功能？

表 4-2-7　Vue 中的导航守卫

类型	名称	说明
组件内守卫	beforeRouteLeave	离开该组件的对应路由时调用
全局前置守卫	beforeEach	当路由触发时，按照创建顺序调用
组件内守卫	beforeRouteUpdate	当路由改变但该组件被复用时调用
路由独享守卫	beforeEnter	当此路由触发时调用
组件内守卫	beforeRouteEnter	渲染该组件的对应路由被确认前调用
全局解析守卫	beforeResolve	组件内守卫，异步路由组件被解析调用
全局后置守卫	afterEach	当路由离开组件时调用

 思考与练习

一、思考题

1. 前端构建工具 Vite 有哪些特点？

2. 哪些类型需求可以使用 Vue 框架进行开发？ Web 单页应用程序的缺点是什么？

二、技能训练题

1. 请使用 Vue 实现"餐厅管理系统"中的用户管理功能，包括用户列表、用户删除、用户创建功能。

2. 请为"餐厅管理系统"左侧的导航菜单项增加一个功能，当前访问的菜单项使用不同颜色高亮显示。

3. "餐厅管理系统"中还有哪些内容可以被封装为小组件？

附录 1 《网站设计与开发》职业能力结构

模块	任务	职业能力	主要知识
1.网站设计	1. 网站风格指南基础设计	1. 能熟练使用图像编辑软件进行图形设计； 2. 能根据受众群体的特点，完成网站配色方案设计； 3. 能根据企业的特点，维护和改进企业标志设计； 4. 能完成网站 VI 基础设计，包括企业标志、网站标准颜色、辅助颜色、标准字体、各种页面的内容元素等； 5. 能独立制作与维护企业网站的"风格指南"； 6. 能养成积极向上的审美能力，形成正确的审美观	1. 色彩构成和平面构成的基本原理； 2. 设计常用色彩空间； 3. 企业形象和受众群体的确定方法； 4. 网站风格指南的元素； 5. 平面设计软件的使用方法
	2. 网站首页设计	1. 能根据网站风格指南，定义网站设计图的基础信息，包括页面文本要求、页面宽度要求、页面布局要求等； 2. 能根据网站风格指南及用户需求，完成网站各板块内容的设计图； 3. 能熟练使用设计软件，对设计图层进行整理； 4. 能熟练使用设计软件中的图层蒙版、钢笔、滤镜等工具制作复杂效果； 5. 能使用图形设计和图像编辑软件独立制作与维护网站设计图； 6. 能根据用户需求，精益求精地完成网站设计	1. 网页扁平化设计原理； 2. 网页元素对齐依据； 3. 页面设计中的留白和段落感； 4. 字体风格的运用方法； 5. 常用网站电脑端页面的内容宽度
	3. 网站功能页设计	1. 能复用网站页面设计稿，并确保所有页面的页头和页底风格一致； 2. 能参照网站风格指南，完成二级子页面内容的设计，包括用户、产品／项目、新闻、服务／支持等常见页面； 3. 能熟练使用设计软件，对网站页面设计图进行整理并做好版本控制； 4. 能根据用户需求，设计出符合网页功能特点的交互功能； 5. 能独立制作与维护网站所有页面的设计图	1. 网站整体设计风格的控制方法； 2. 网站常用二级页面的内容特点； 3. 网页设计稿命名和保存规范

模块	任务	职业能力	主要知识
1. 网 站 设 计	4. 响应式网站设计	1. 能分析电脑端页面设计的总体结构，并标志出需要在移动端上优化显示的内容和元素； 2. 能优化在不同分辨率和设备下的网页内容结构和元素大小； 3. 能考虑用户的操作体验，完成响应式页面设计； 4. 能对多分辨率设计图进行版本控制； 5. 能与客户进行有效沟通，并优化设计	1. 常见上网设备和屏幕分辨率的特点和限制； 2. 网页响应式设计规范； 3. 网页自适应设计规范； 4. 网页用户体验设计规范
2. 网 站 页 面 重 构	1. 基础网站制作	1. 能掌握网页编写语言语法； 2. 能熟练使用网页编写语言； 3. 能熟练使用浏览器软件调试网页； 4. 能熟练地处理调试中发现的问题； 5. 能独立制作与维护简单的网页	1. 网页的基本构成； 2. HTML 的基本概念； 3. 网页的制作流程； 4. 浏览器的调试模式； 5. 网站制作标准； 6. HTML DOM 结构； 7. CSS 盒子模型的用法
	2. 页面结构和内容制作	1. 能编写符合 W3C 标准的 HTML5 文档； 2. 能编写符合 W3C 标准的 CSS3 样式表； 3. 能使用 HTML5 完成网页的布局； 4. 能参照网站设计图制作网页； 5. 能独立制作与维护网站的所有页面	1. 常见 HTML 标签； 2. HTML5 规范和标准； 3. 网页中的音频、视频和矢量图形用法； 4. Web 内容无障碍指南 WCAG； 5. 常用 CSS 样式属性； 6. CSS 中的定位和布局方法； 7. CSS3 规范和标准
	3. 页面动画和交互效果制作	1. 能使用 CSS 伪类制作常见动画效果； 2. 能使用 CSS 创建帧动画； 3. 能使用 CSS 的 transition 样式完成动画过渡效果； 4. 能使用 JavaScript 制作常见动画和前端用户交互效果； 5. 能使用 jQuery 库； 6. 能依照网站首页设计稿制作对应内容区域的动画和交互效果	1. 网页动效设计与制作规范； 2. CSS 伪类的用法； 3. CSS 的帧动画和过渡动画原理； 4. 原生 JavaScript 和 jQuery 库的用法
	4. 响应式网站制作	1. 能分析页面并呈现在移动端显示错误的元素； 2. 能优化页面内容结构与元素尺寸； 3. 能针对不同分辨率或设备，调整网页内容布局； 4. 能优化多端用户操作体验； 5. 能独立制作与维护网站响应式页面并优化	1. 网页的自适应与响应式用法； 2. ViewPort 的运用步骤

模块	任务	职业能力	主要知识
3. 网站后端功能开发	1. 使用 PHP 开发后端功能	1. 能熟练使用网站后端服务器软件； 2. 能掌握后端编写语言 PHP 的基本语法； 3. 能较好地理解动态网页的基本概念； 4. 能编写符合 PSR 标准的 PHP 文件； 5. 能独立制作并维护简单的 PHP 应用	1. Apache 与 PHP 的集成运行环境（XAMPP）配置方法； 2. PHP 基本语法、数据类型与编码规范； 3. PHP 条件结构、循环结构与数组的用法； 4. PSR 标准规范
	2. MySQL 数据库操作	1. 能熟练编写 SQL 语句； 2. 能熟练使用 phpMyAdmin 对数据库进行管理； 3. 能熟练使用 PHP 实现数据库的增、删、改、查功能； 4. 能根据需求，完成基础认证系统的编码开发； 5. 能独立制作并维护小型的动态网站	1. MySQL 管理工具的使用方法（phpMyAdmin）； 2. SQL 基本语法； 3. PHP 操作 MySQL 数据库相关接口的步骤
	3. 网站 API 开发	1. 能理解 MVC 的相关概念； 2. 能熟练搭建 Laravel 框架； 3. 能熟练开发并测试 RESTful API； 4. 能较好地完成后端的鉴权功能； 5. 能独立制作并维护基于 Laravel 框架的 PHP 应用； 6. 能根据用户需求，实现功能并优化	1. Composer 基础用法； 2. Laravel 框架 Artisan 基础命令行； 3. Laravel 框架基本文件结构； 4. Laravel 框架路由、视图与控制器的用法； 5. Laravel 框架中间件的用法； 6. Laravel 框架基础认证功能的使用步骤； 7. Laravel 框架数据库迁移步骤与 ORM； 8. Laravel 框架 JSON 数据返回方法； 9. 跨域资源共享 CORS 概念及用法
4. 网站前端脚本技术	1. 搭建 Node.js 前端开发环境	1. 能掌握 JavaScript 开发环境 Node.js 的安装与配置； 2. 能熟练使用包管理器（npm）指令； 3. 能在 Node.js 环境下运行 JavaScript 代码； 4. 能熟练使用包管理器（npm）管理项目； 5. 能独立制作并维护简单的 Node.js 应用	1. Node.js 安装与配置方法； 2. Node.js 环境运行 JavaScript 代码的步骤； 3. 包管理器（npm）基础命令； 4. 使用 npm 创建并管理 Vue 前端项目

（续表）

模块	任务	职业能力	主要知识
4.网站前端脚本技术	2. 使用 Vue 开发 Web 单页应用程序	1. 能掌握 Web 单页应用程序的基本概念； 2. 能掌握前端框架 Vue 的基础语法及应用搭建方法； 3. 能掌握前端 AJAX 库 axios 的使用方法； 4. 能掌握 Vue Router 的使用方法； 5. 能独立制作与维护 Vue 搭建的 Web 单页应用程序	1. Web 单页应用程序概念； 2. vue-cli 命令行基本用法； 3. vue-cli 的 Web 管理界面的用法； 4. Vue 模版语法； 5. Vue 计算属性、侦听器与事件； 6. Vue 组件概念； 7. Vue 路由概念

附录 2　API 参数详情列表

一、用户认证

1. 登录（/api/auth/login）——请求方法：POST

描述：用户登录功能。

请求参数：

参数名	是否必填	描述
username	是	用户名
password	是	密码

响应：

（1）登录成功（状态码：200）

返回内容（JSON）：

```
{
  "message": "success",
  "data": {
      "id": "{ 用户 id }",
      "username": "{ 用户名 }",
      "api_token": "{ 用户令牌 }",
      "role": "{ 用户权限 }"
  }
}
```

（2）登录失败（状态码：401）

返回内容（JSON）：

```
{
  "message": "Unauthenticated."
}
```

2. 登出 (/api/auth/logout)——请求方法：POST

描述：用户登出功能，使用 Bearer Token 作用户认证。

请求参数：无。

请求头信息：

参数	描述
Authorization	"Bearer"加上用户登录时返回的 api_token 字段值

响应：

（1）登出成功（状态码：200）

返回内容（JSON）：

```
{
  "message": "success",
  "data": null
}
```

（2）登出失败（状态码：401）

返回内容（JSON）：

```
{
  "message": "Unauthenticated."
}
```

二、用户管理

1. 获取所有用户 (/api/user)——请求方法：GET

描述：获取所有用户功能，使用 Bearer Token 作用户认证。

请求参数：无。

请求头信息：

参数	描述
Authorization	"Bearer" 加上用户登录时返回的 api_token 字段值

响应：

（1）获取数据成功（状态码：200）

返回内容（JSON）：

```
{
  "message": "success",
  "data": [
      {
          "id": "{ 用户 id }",
          "username": "{ 用户名 }",
          "role": "{ 用户权限 }"
      }
      …
  ]
}
```

（2）获取数据失败（未认证用户）（状态码：401）

返回内容（JSON）：

```
{
  "message": "Unauthenticated."
}
```

2. 创建用户 (/api/user)——请求方法：POST

描述：创建用户功能，使用 Bearer Token 作用户认证。

请求参数：

参数名	是否必填	描述
username	是	用户名
password	是	密码
password_confirmation	是	确认用户密码
role	是	用户权限

请求头信息：

参数	描述
Authorization	"Bearer" 加上用户登录时返回的 api_token 字段值

响应：

（1）创建成功（状态码：200）

返回内容（JSON）：

```
{
  "message": "success",
  "data": {
      "id": "{ 用户 id }",
      "username": "{ 用户名 }",
      "role": "{ 用户权限 }"
  }
}
```

（2）创建失败（数据验证不通过）（状态码：422）

返回内容（JSON）：

```
{
  "message": "The given data was invalid.",
  "errors": {
    " 错误字段名 ": [" 错误信息 "]
  }
}
```

（3）创建失败（未认证用户）（状态码：401）

返回内容（JSON）：

```
{
  "message": "Unauthenticated."
}
```

3. 删除用户 (/api/user/{id})——请求方法：DELETE

描述：删除指定用户功能，使用 Bearer Token 作用户认证。

请求参数：无。

请求头信息：

参数	描述
Authorization	"Bearer"加上用户登录时返回的 api_token 字段值

响应：

（1）删除成功（状态码：200）

返回内容（JSON）：

```
{
  "message": "success",
  "data": null
}
```

（2）删除失败（用户不存在）（状态码：404）

返回内容（JSON）：

```
{
  "message": "not found",
}
```

（3）删除失败（未认证用户）（状态码：401）

返回内容（JSON）：

```
{
  "message": "Unauthenticated."
}
```

三、桌位管理

1. 获取所有桌位 (/api/table)——请求方法：GET

描述：获取所有桌位功能，使用 Bearer Token 作用户认证。

请求参数：无。

请求头信息：

参数	描述
Authorization	"Bearer"加上用户登录时返回的 api_token 字段值

响应：

（1）获取数据成功（状态码：200）

返回内容（JSON）：

```
{
  "message": "success",
  "data": [
```

```
    {
  "id": "{ 桌位 id }",
      "table_type": "{ 桌位类型 }",
      "status": "{ 桌位是否为被占用状态 }"
      }
      …
  ]
}
```

（2）获取数据失败（未认证用户）（状态码：401）

返回内容（JSON）：

```
{
  "message": "Unauthenticated."
}
```

2. 创建桌位 (/api/table)——请求方法：POST

描述：创建桌位功能，使用 Bearer Token 作用户认证。

请求参数：

参数名	是否必填	描述
table_type	是	桌位类型

请求头信息：

参数	描述
Authorization	"Bearer" 加上用户登录时返回的 api_token 字段值

响应：

（1）创建成功（状态码：200）

返回内容（JSON）：

```
{
  "message": "success",
  "data": {
      "id": "{ 桌位 id }",
      "table_type": "{ 桌位类型 }"
  }
}
```

（2）创建失败（数据验证不通过）（状态码：422）

返回内容（JSON）：

```
{
  "message": "The given data was invalid.",
  "errors": {
    " 错误字段名 ": [" 错误信息 "]
  }
}
```

（3）创建失败（未认证用户）（状态码：401）

返回内容（JSON）：

```
{
  "message": "Unauthenticated."
}
```

4. 删除桌位 (/api/table/{id})——请求方法：DELETE

描述：删除指定用户功能，使用 Bearer Token 作用户认证。

请求参数：无。

请求头信息：

参数	描述
Authorization	"Bearer" 加上用户登录时返回的 api_token 字段值

响应：

（1）删除成功（状态码：200）

返回内容（JSON）：

```
{
  "message": "success",
  "data": null
}
```

（2）删除失败（用户不存在）（状态码：404）

返回内容（JSON）：

```
{
  "message": "not found",
}
```

（3）删除失败（未认证用户）（状态码：401）

返回内容（JSON）：

```
{
  "message": "Unauthenticated."
}
```

5. 获取所有用餐中的桌位信息 (/api/table/distribution)——请求方法：GET

描述：获取所有用餐中的桌位信息功能，使用 Bearer Token 作用户认证。

请求参数：无。

请求头信息：

参数	描述
Authorization	"Bearer" 加上用户登录时返回的 api_token 字段值

响应：

（1）获取数据成功（状态码：200）

返回内容（JSON）：

```
{
  "message": "success",
  "data": [
    {
      "id": "{ 分配信息 id }",
      "queue_id": "{ 队列 id }",
      "table_id": "{ 桌位 id }",
      "status": "{ 分配信息是否为结账状态 }",
      "created_at": "{ 分配信息创建时间 }",
      "table": {
        "id": "{ 桌位 id }",
        "table_type": "{ 桌位类型 }",
        "status": "{ 桌位是否为被占用状态 }"
      },
      "queue": {
        "id": "{ 队列 id }",
        "seat": "{ 人数 }",
        "table_type": "{ 桌位类型 }",
        "order_number": "{ 排队号 }",
        "status": "{ 队列是否为被分配状态 }",
        "created_at": "{ 队列创建时间 }"
      }
    },
    ...
  ]
}
```

（2）获取数据失败（未认证用户）（状态码：401）

返回内容（JSON）：

```
{
  "message": "Unauthenticated."
}
```

6. 分配桌位 (/api/table/distribute/table/{table_id}/queue/{queue_id})——请求方法：GET

描述：分配桌位功能，使用 Bearer Token 作用户认证。

请求参数：无。

请求头信息：

参数	描述
Authorization	"Bearer" 加上用户登录时返回的 api_token 字段值

响应：

（1）分配成功（状态码：200）

返回内容（JSON）：

```
{
  "message": "success",
  "data": null
}
```

（2）分配失败（桌位不存在/被占用或队列不存在/已分配）（状态码：404）

返回内容（JSON）：

```
{
  "message": "not found",
}
```

（3）分配失败（未认证用户）（状态码：401）

返回内容（JSON）：

```
{
  "message": "Unauthenticated."
}
```

四、取号管理

1. 获取所有未用餐队列号 (/api/queue)——请求方法：GET

描述：获取所有未用餐队列号功能，使用 Bearer Token 作用户认证。

请求参数：无。

请求头信息：

参数	描述
Authorization	"Bearer" 加上用户登录时返回的 api_token 字段值

响应：

（1）获取数据成功（状态码：200）

返回内容（JSON）：

```
{
  "message": "success",
  "data": [
    {
      "id": "{ 队列 id }",
      "seat": "{ 人数 }",
      "table_type": "{ 桌位类型 }",
      "order_number": "{ 排队号 }",
      "status": "{ 队列是否为被分配状态 }",
      "created_at": "{ 队列创建时间 }"
    },
    ...
  ]
}
```

（2）获取数据失败（未认证用户）（状态码：401）

返回内容（JSON）：

```
{
  "message": "Unauthenticated."
}
```

2. 取号 (/api/queue)——请求方法：POST

描述：取号功能，使用 Bearer Token 作用户认证。

请求参数：

参数名	是否必填	描述
seat	是	用餐人数

请求头信息：

参数	描述
Authorization	"Bearer" 加上用户登录时返回的 api_token 字段值

响应：

（1）创建成功（状态码：200）

返回内容（JSON）：

```
{
  "message": "success",
  "data": {
      "id": "{ 桌位 id }",
      "seat": "{ 用餐人数 }",
      "table_type": "{ 桌位类型 }",
      "order_number": "{ 排队号 }",
      "status": "{ 队列是否为被分配状态 }",
      "created_at ": "{ 队列创建时间 }"
  }
}
```

（2）创建失败（数据验证不通过）（状态码：422）

返回内容（JSON）：

```
{
  "message": "The given data was invalid.",
  "errors": {
    " 错误字段名 ": [" 错误信息 "]
  }
}
```

（3）创建失败（未认证用户）（状态码：401）

返回内容（JSON）：

```
{
  "message": "Unauthenticated."
}
```

五、订单管理

1. 获取所有订单 (/api/bill)——请求方法：GET

描述：获取所有订单列功能，使用 Bearer Token 作用户认证。

请求参数：无。

请求头信息：

参数	描述
Authorization	"Bearer"加上用户登录时返回的 api_token 字段值

响应：

（1）获取数据成功（状态码：200）

返回内容（JSON）：

```
{
  "message": "success",
  "data": [
    {
      "id": "{ 订单 id }",
      "table_queue_id": "{ 分配信息 id }",
      " amount": "{ 金额 }",
      "created_at": "{ 订单创建时间 }",
      "table": {
        "id": "{ 桌位 id }",
        "table_type": "{ 桌位类型 }",
        "status": "{ 桌位是否为被占用状态 }",
        "laravel_through_key": "{ 框架返回字段 }"
      },
      "queue": {
        "id": "{ 队列 id }",
        "seat": "{ 人数 }",
        "table_type": "{ 桌位类型 }",
        "order_number": "{ 排队号 }",
        "status": "{ 队列是否为被分配状态 }",
        "created_at": "{ 队列创建时间 }",
        "laravel_through_key": "{ 框架返回字段 }"
      }
    },
    ...
  ]
}
```

（2）获取数据失败（未认证用户）（状态码：401）

返回内容（JSON）：

```
{
  "message": "Unauthenticated."
}
```

2. 创建订单 (/api/bill)——请求方法：POST

描述：创建订单功能，使用 Bearer Token 作用户认证。

请求参数：

参数名	是否必填	描述
amount	是	结账金额
table_queue_id	是	分配信息 id

请求头信息：

参数	描述
Authorization	"Bearer" 加上用户登录时返回的 api_token 字段值

响应：

（1）创建成功（状态码：200）

返回内容（JSON）：

```
{
  "message": "success",
  "data": null
}
```

（2）创建失败（桌位不存在 / 被占用或队列不存在 / 已分配）（状态码：404）

返回内容（JSON）：

```
{
  "message": "not found",
}
```

（3）创建失败（未认证用户）（状态码：401）

返回内容（JSON）：

```
{
  "message": "Unauthenticated."
}
```

编写说明

　　《网站设计与开发》世界技能大赛项目转化教材是上海信息技术学校充分发挥项目牵头中国集训基地的自身优势，联合行业专家，按照上海市教育委员会教学研究室世赛项目转化教材研究团队提出的总体编写理念、教材结构设计要求，共同编写完成。本教材主要基于世界技能大赛职业能力要求体系制定技术路线和具体范围，同时涵盖"1+X"证书 Web 前端开发的初、中、高三个级别的知识点和技能点，充分契合"岗课赛证"。本教材可作为职业院校网站设计与开发等相关专业的拓展和补充教材，建议完成主要专业课程的教学后，在专业综合实训或顶岗实践教学活动中使用，也可作为相关技能职业培训教材。

　　本教材由上海信息技术学校葛睿、赵俊卿、任健担任主编，负责教材内容设计、组织协调工作。教材具体编写分工如下：葛睿、吴迎祥撰写模块一；赵俊卿编制教材职业能力结构表，撰写模块二；任健、冯家乐撰写模块三；周鑫撰写模块四。王霞负责文本修订，葛睿、任健、吴迎祥负责全书统稿。

　　在编写过程中，得到上海市教育委员会教学研究室谭移民老师的悉心指导，得到中国技术指导专家组组长张凌、上海市软件行业协会杨根兴和沈颖、中国技术指导专家秦勤等多位行业专家的鼎力支持，以及上海信息技术学校刘雪花、常佩佩等老师在教材资源工作方面付出了大量的时间与心血，在此一并表示衷心感谢。

　　欢迎广大师生、读者提出宝贵意见和建议。

图书在版编目（CIP）数据

网站设计与开发 / 葛睿，赵俊卿，任健主编. — 上海：
上海教育出版社，2022.8
ISBN 978-7-5720-1648-6

Ⅰ.①网… Ⅱ.①葛… ②赵… ③任… Ⅲ.①网站－设
计－中等专业学校－教材 ②网站－开发－中等专业学校
－教材 Ⅳ.①TP393.092

中国版本图书馆CIP数据核字(2022)第155174号

责任编辑　袁　玲
书籍设计　王　捷

网站设计与开发
葛　睿　赵俊卿　任　健　主编
————————————————————————————

出版发行　上海教育出版社有限公司
官　　网　www.seph.com.cn
地　　址　上海市闵行区号景路159弄C座
邮　　编　201101
印　　刷　上海锦佳印刷有限公司
开　　本　787×1092　1/16　印张 16.5　插页 1
字　　数　360 千字
版　　次　2022年8月第1版
印　　次　2022年8月第1次印刷
书　　号　ISBN 978-7-5720-1648-6/G·1522
定　　价　49.00 元
————————————————————————————

如发现质量问题，读者可向本社调换　电话:021-64373213